计算机网络原理与实践

蒋建峰　蒋建锋　主　编

张　娴　朱　麟　副主编

U0334601

电子工业出版社.

Publishing House of Electronics Industry

北京·BEIJING

内 容 简 介

本教材作者根据多年执教计算机网络基础课程的经验，针对目前高职高专学生的认知特点以及高职高专教育的培养目标、特点和要求，较全面地介绍了计算机网络的基本知识和实践技能。全书共 10 章，第 1 章介绍计算机网络的概述及仿真软件 Packet Tracer；第 2 章介绍网络体系结构；第 3 章介绍物理层协议及通信基础；第 4 章讨论数据链路层的基本功能；第 5 章介绍网络互连技术；第 6 章介绍 IPv4 地址；第 7 章介绍 IPv4 编址；第 8 章介绍传输层协议；第 9 章介绍应用层服务；第 10 章介绍局域网技术。

本教材既可作为高职高专院校通信、电子信息类专业及其他相关专业的网络基础课程教材，也可作为对计算机网络技术感兴趣的相关专业技术人员的参考书。

图书在版编目（CIP）数据

计算机网络原理与实践 / 蒋建峰，蒋建锋主编. —北京：电子工业出版社，2015.6
ISBN 978-7-121-26092-6

Ⅰ. ①计…　Ⅱ. ①蒋… ②蒋…　Ⅲ. ①计算机网络—高等学校—教材　Ⅳ. ①TP393

中国版本图书馆 CIP 数据核字（2015）第 103839 号

策划编辑：宋　梅
责任编辑：宋　梅
印　　刷：北京虎彩文化传播有限公司
装　　订：北京虎彩文化传播有限公司
出版发行：电子工业出版社
　　　　　北京市海淀区万寿路 173 信箱　邮编　100036
开　　本：787×1 092　1/16　印张：13.75　字数：352 千字
版　　次：2015 年 6 月第 1 版
印　　次：2018 年 8 月第 5 次印刷
定　　价：36.00 元

凡所购买电子工业出版社图书有缺损问题，请向购买书店调换。若书店售缺，请与本社发行部联系，联系及邮购电话：(010) 88254888，88258888。

质量投诉请发邮件至 zlts@phei.com.cn，盗版侵权举报请发邮件至 dbqq@phei.com.cn。

本书咨询联系方式：mariams@phei.com.cn。

前　言

21 世纪是一个飞速发展的世纪，科学技术日新月异，计算机网络技术已经融入社会的各个角落，为科学、教育、办公、娱乐等各种互动提供了不可或缺的交流平台。目前，我国很多高等职业院校的计算机相关专业都把"计算机网络基础"作为一门专业基础课程。为了帮助高职院校的教师比较全面、系统地讲授这门课程，使学生能够熟练地掌握相关技术，我们编写了本教材。

本教材内容安排以基础性和实践性为重点，力图在讲述计算机网络基本工作原理的基础上，注重对学生实践技能的培养。教材中列举了当前网络中流行的网络技术和特点，内容涉及网络发展前沿技术，其目的在于使读者通过本教材的学习，掌握计算机网络原理，理解有关网络的一系列标准和工业标准。

全书共 10 章。

第 1 章首先介绍计算机网络的发展与趋势，网络的基本概念、定义、分类以及通信基础知识，然后介绍思科公司提供的免费模拟器软件 Packet Tracer。

第 2 章讨论计算机网络的体系结构与网络协议的基本概念，详细介绍 OSI 参考模型与 TCP/IP 参考模型，并对两个参考模型进行比较。

第 3 章主要对物理层进行描述，说明物理层的概念、功能，并对物理层的接口特性与传输介质做详解的介绍。

第 4 章讨论数据链路层的基本功能，包括帧同步和差错控制，详细介绍 MAC 编址和以太网数据帧封装。

第 5 章介绍网络互连的相关概念，详细介绍 IPv4 数据报格式与路由数据报过程，并对因特网互连层协议 IP、ARP、ICMP、IPv6 进行详细讨论。

第 6 章详细介绍 IPv4 地址格式与特点。

第 7 章介绍网络地址规划方法、网络前缀与超网的概念，以及 IPv4 地址中的 VLSM 与 CIDR。

第 8 章讨论传输层协议、传输层的功能，详细分析传输控制协议 TCP 与用户数据报协议 UDP 的数据封装格式及工作过程。

第 9 章介绍应用层的基本概念及其常用的一些应用服务 WWW、DNS、DHCP 等，同时对相关协议的工作原理进行详细介绍。

第 10 章介绍局域网技术，详细介绍以太网相关标准以及无线局域网。

本书是苏州工业园区服务外包职业学院校企合作规划教材，由蒋建峰和蒋建锋担任主编，张娴和朱麟担任副主编。第 1、5、6、7、9 章由蒋建峰编写，第 3、4 章由蒋建锋编写，第 8、10 章由张娴编写，第 2 章由朱麟编写。参加本书编写工作的还有杜梓平、丁慧洁、周悦和刘源。全书由蒋建峰负责统稿。特别感谢思科公司华东区经理张冉和南京建策公司培训经理吉旭对本书编写工作的支持。

由于作者水平有限，书中难免存在错误和疏漏之处，敬请各位老师和同学指正，可发送邮件至 alaneroson@126.com。

本教材配套有教学资源 PPT 课件，如有需要，请登录电子工业出版社华信教育资源网（www.hxedu.com.cn），注册后免费下载。

编著者

2015 年 5 月

目　　录

第 1 章　计算机网络概述 ··· 1

 1.1　计算机网络的发展 ··· 2
  1.1.1　计算机网络的产生与发展 ··· 2
  1.1.2　网络未来的发展趋势 ··· 2
  1.1.3　网络行业就业机会与挑战 ··· 4
 1.2　计算机网络基本概念 ·· 4
  1.2.1　计算机网络的定义 ·· 4
  1.2.2　计算机网络的组成 ·· 5
  1.2.3　计算机网络的分类 ·· 6
 1.3　网络模拟器 Packet Tracer ··· 10
  1.3.1　Packet Tracer 安装过程 ·· 10
  1.3.2　Packet Tracer 使用方法 ·· 11
 1.4　复习题 ··· 15
 1.5　实践技能训练 ·· 16
  实验一　网络模拟器 Packet Tracer 使用训练 ··· 16
  实验二　创建小型实验拓扑 ··· 17

第 2 章　Internet 体系结构 ··· 19

 2.1　使用分层模型 ·· 20
  2.1.1　分层体系结构 ·· 20
  2.1.2　可扩展的体系结构 ·· 20
 2.2　OSI 参考模型 ··· 20
  2.2.1　OSI 的结构 ·· 21
  2.2.2　协议数据单元 ·· 24
 2.3　TCP/IP 模型 ·· 28
 2.4　OSI 模型与 TCP/IP 模型的比较 ·· 29
 2.5　复习题 ··· 30
 2.6　实践技能训练 ·· 31
  实验　OSI 模型各层 PDU 观察实训 ·· 31

第 3 章　物理层功能 ··· 33

 3.1　物理层接口与协议 ·· 34
  3.1.1　物理层接口 ··· 34
  3.1.2　物理层功能和提供的服务 ·· 35
  3.1.3　物理层协议标准 ··· 36

3.2 物理层介质 ………………………………………………………… 38

   3.2.1 双绞线 …………………………………………………… 38

   3.2.2 同轴电缆 ………………………………………………… 44

   3.2.3 光纤介质 ………………………………………………… 44

   3.2.4 无线传输介质 …………………………………………… 45

3.3 数据通信技术 ……………………………………………………… 46

   3.3.1 数据通信系统模型 ……………………………………… 46

   3.3.2 数据传输速率 …………………………………………… 47

   3.3.3 信道容量 ………………………………………………… 48

3.4 数据交换技术 ……………………………………………………… 49

   3.4.1 电路交换 ………………………………………………… 49

   3.4.2 报文交换 ………………………………………………… 50

   3.4.3 分组交换 ………………………………………………… 51

3.5 复习题 ……………………………………………………………… 52

3.6 实践技能训练 ……………………………………………………… 53

   实验一 UTP 双绞线制作 …………………………………… 53

   实验二 使用不同类型的介质连接设备 …………………… 54

第 4 章 数据链路层 ……………………………………………………… 56

4.1 数据链路层功能 …………………………………………………… 57

   4.1.1 帧同步功能 ……………………………………………… 57

   4.1.2 差错控制 ………………………………………………… 58

   4.1.3 流量控制 ………………………………………………… 59

4.2 MAC 编址与数据帧封装 …………………………………………… 60

   4.2.1 数据链路层协议数据单元 ……………………………… 60

   4.2.2 数据帧的格式 …………………………………………… 61

   4.2.3 帧头与帧尾 ……………………………………………… 61

   4.2.4 数据帧实例 ……………………………………………… 63

4.3 高级数据链路控制协议 …………………………………………… 68

   4.3.1 HDLC 基本概念 ………………………………………… 68

   4.3.2 HDLC 帧格式 …………………………………………… 70

4.4 点对点（PPP）协议 ……………………………………………… 71

   4.4.1 PPP 基本概念 …………………………………………… 71

   4.4.2 PPP 帧格式 ……………………………………………… 73

   4.4.3 PPPoE …………………………………………………… 74

4.5 复习题 ……………………………………………………………… 76

4.6 实践技能训练 ……………………………………………………… 77

   实验一 验证常见局域网数据帧的结构 …………………… 77

   实验二 验证常见广域网数据帧的结构 …………………… 78

第5章　网络互连层 ·· 80

5.1　网络互连 ··· 81
  5.1.1　网络互连原理 ··· 81
  5.1.2　网络互连设备 ··· 82
  5.1.3　网络互连协议 ··· 84
5.2　网络层 IPv4 数据报 ·· 86
  5.2.1　IPv4 数据报格式 ··· 86
  5.2.2　IP 数据报各字段含义 ·· 86
5.3　路由数据包 ··· 88
  5.3.1　路由选择机制 ··· 88
  5.3.2　数据包转发策略 ··· 88
  5.3.3　路由协议 ·· 89
  5.3.4　路由器路由表 ··· 90
5.4　网络层协议 ··· 92
  5.4.1　IP 协议 ··· 92
  5.4.2　ARP 协议 ·· 95
  5.4.3　ICMP 协议 ·· 98
  5.5.4　IGMP 协议 ··· 100
  5.5.5　IPv6 协议 ·· 101
5.5　复习题 ··· 103
5.6　实践技能训练 ··· 104
  实验　ping 技能训练 ·· 104

第6章　网络地址 IPv4 ·· 107

6.1　IPv4 网络地址 ·· 108
  6.1.1　数制转换 ··· 108
  6.1.2　IPv4 地址剖析 ··· 109
  6.1.3　IPv4 地址主机号与网络号 ··· 110
  6.1.4　IPv4 地址子网掩码 ·· 111
  6.1.5　ipconfig 命令 ·· 111
6.2　IPv4 地址分类 ·· 112
  6.2.1　传统 IPv4 地址类别 ·· 112
  6.2.2　特殊的 IPv4 地址 ·· 113
6.3　IPv4 地址用途 ·· 116
  6.3.1　IPv4 通信地址类型 ··· 116
  6.3.2　公用地址与专用地址 ·· 118
6.4　复习题 ··· 119
6.5　实践技能训练 ··· 120
  实验一　IP 地址安排与子网掩码验证 ··· 120

实验二　单播、组播与广播通信 121

第7章　IPv4 编址 124

7.1　网络地址规划 125

7.2　设备地址选择 126

  7.2.1　静态地址分配 126

  7.2.2　动态地址分配 126

7.3　子网划分 127

  7.3.1　三级 IP 地址 127

  7.3.2　子网划分与子网掩码 128

  7.3.3　子网的规划设计 129

  7.3.4　网络前缀 134

7.4　超网（Supernetting） 134

7.5　VLSM 与 CIDR 135

  7.5.1　变长子网掩码 VLSM 135

  7.5.2　无类别域间路由（CIDR） 137

7.6　复习题 139

7.7　实践技能训练 141

  实验　IP 地址子网划分 141

第8章　传输层 143

8.1　传输服务 144

  8.1.1　传输层提供的服务 144

  8.1.2　分段和重组 145

  8.1.3　端口寻址 145

  8.1.4　流量控制及错误恢复 146

  8.1.5　面向连接／面向非连接服务 146

  8.1.6　netstat 命令 147

8.2　传输控制协议（TCP） 147

  8.2.1　TCP 协议特点 147

  8.2.2　TCP 的段结构 147

  8.2.3　TCP 连接管理 149

  8.2.4　TCP 数据传输机制 152

8.3　用户数据报协议（UDP） 155

  8.3.1　UDP 服务模型 155

  8.3.2　UDP 的段结构 156

  8.3.3　UDP 数据报重组 156

  8.3.4　UDP 的服务器进程与请求 156

  8.3.5　UDP 客户端进程 157

8.4　复习题 ··· 158

8.5　实践技能训练 ·· 160

　　实验　TCP 和 UDP 端口技能训练 ·· 160

第 9 章　应用层功能及协议 ··· 162

9.1　应用层基础 ··· 163

9.2　网络服务模式 ··· 164

　9.2.1　Client-Server ·· 164

　9.2.2　Peer-to-Peer ··· 164

　9.2.3　Browser-Server ·· 165

9.3　应用层协议及服务 ·· 165

　9.3.1　万维网（WWW） ·· 165

　9.3.2　域名系统（DNS） ··· 167

　9.3.3　动态主机配置协议（DHCP） ·· 169

　9.3.4　电子邮件（E-mail） ·· 172

　9.3.5　文件传输 ·· 174

　9.3.6　远程登录（Telnet） ·· 174

9.4　复习题 ··· 175

9.5　实践技能训练 ··· 177

　　实验　HTTP 与 DNS 服务器搭建与配置 ·· 177

第 10 章　局域网技术 ··· 179

10.1　以太网概念与 IEEE 802 标准 ·· 180

　10.1.1　以太网拓扑 ··· 180

　10.1.2　以太网物理层与数据链路层 ··· 182

　10.1.3　以太网 MAC 地址编址 ··· 184

　10.1.4　以太网介质访问控制 CSMA/CD ·· 186

10.2　集线器和交换机 ··· 189

　10.2.1　传统以太网 ··· 189

　10.2.2　交换以太网 ··· 189

10.3　高速以太网 ··· 192

　10.3.1　光纤分布式数据接口（FDDI）环网 ·· 192

　10.3.2　快速以太网 ··· 193

　10.3.3　千兆位以太网 ·· 194

　10.3.4　万兆位以太网 ·· 195

　10.3.5　交换型以太网 ·· 195

10.4　虚拟局域网 ··· 195

　10.4.1　虚拟局域网组建 ··· 196

　10.4.2　虚拟局域网交换技术 ·· 196

10.4.3 虚拟局域网的划分方法 ·· 197

10.4.4 虚拟局域网（VLAN）的基本配置 ·· 198

10.5 无线局域网技术 ··· 199

10.5.1 无线局域网概述 ·· 199

10.5.2 无线局域网构建 ·· 200

10.5.3 IEEE 802.11 系列标准 ·· 200

10.5.4 无线 AP 与无线路由器 ·· 201

10.5.5 无线路由器界面设置 ·· 201

10.6 复习题 ·· 203

10.7 实践技能训练 ··· 204

实验 局域网组网实训 ·· 204

缩略语 ··· 206

参考文献 ··· 210

第 1 章

计算机网络概述

【本章知识目标】

- 了解网络的发展历程与未来的发展趋势
- 理解网络相关基本概念，如网络的定义、分类等
- 熟悉网络模拟器的安装与使用方法

【本章技能目标】

- 掌握搭建网络基本架构的能力
- 能够按照要求搭建相关类型的拓扑结构
- 掌握 Packet Tracer 模拟器的基本使用方法

1.1 计算机网络的发展

计算机网络是计算机技术与现代通信技术紧密结合的产物，实现了远程通信、远程信息处理和资源共享。经过几十年的时间，计算机网络已经发展了 4 代，成为现代具有统一体系结构的计算机网络。

1.1.1 计算机网络的产生与发展

1946 年世界上第一台计算机（ENIAC）的研制成功及其迅速普及与发展，使得人类开始走向信息时代。计算机技术与通信技术在发展中相互渗透，相互结合。通信技术为多台计算机之间进行数据传输、信息交流和资源共享提供了基础，计算机技术又反过来应用于通信的各个领域，极大程度上提高了通信系统的综合性能。

计算机网络大家并不陌生，几乎随时随地都在接触或使用。计算机网络技术正以不可阻挡的势头迅猛发展，将各领域的技术融合。近两年，随着我国国民经济的快速发展以及国际金融危机的逐渐消退，计算机网络设备制造行业获得良好的发展机遇，中国已成为全球计算机网络设备制造行业重点发展市场。

计算机网络仅有 30 余年的历史，其演变过程可概括为以下三个阶段。

① 具有远程（Remote）通信功能的单机系统为第一阶段，这一阶段已具备了计算机网络（Computer Network）的雏形。

② 具有远程通信功能的多机系统为第二阶段，这一阶段的计算机网络属于面向终端的计算机通信网。

③ 以资源共享（Resource Sharing）为目的的计算机网络为第三阶段，这一阶段的计算机网络才是今天意义上的计算机网络。

对大多数人来说，使用网络已经成为日常生活中不可或缺的一部分。网络改变了人们的交流方式。当今世界有了网络，人与人的联系达到了空前的状态。新闻事件几秒钟之内就能举世皆知。人们甚至可以和大洋彼岸的朋友联系和玩游戏。

1.1.2 网络未来的发展趋势

未来网络的发展必将带来大量就业和发展的机会。

通过多种不同的通信介质融合到单个网络平台中，网络容量成指数倍增长。形成未来复杂信息网络的三个主要趋势，如下所述。

● 移动用户数量不断增加；
● 具备网络功能的设备急剧增加；
● 服务范围将不断扩大。

1. 移动用户

2007—2013 年之间，移动用户的数量急剧地增长，移动用户已经慢慢在取代传统的 Internet 用户。图 1-1 数据显示了 2007—2013 年之间移动用户数量的增长情况。

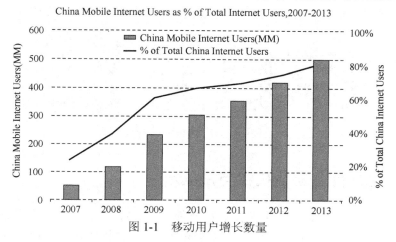

图 1-1　移动用户增长数量

移动使用的趋势有助于传统工作地点的改变——从办公室变为办公地点随工作人员而转变。更多的移动工作者可以利用手机、PDA 或者笔记本电脑等进行工作。远离自己的办公室和书桌。

2. 多功能新设备

计算机只是当今信息网络中的一种普通设备。现在越来越多的新技术产品可以利用商家提供的网络服务。

原来由 BP 机、手机、PDA 等提供的功能，现在都可以融合到一台智能手机中，通过它可以不间断地使用运营商提供的服务。在过去，这些设备是玩具中的奢侈品，现在已经成为人们不可或缺的通信工具。

图 1-2 描述了越来越多的人使用移动设备提供的服务。

图 1-2　移动设备

3．服务增多

技术得到广泛运用的同时，服务快速创新。为了满足客户的需求，人们不断地引入新服务，增强旧服务。当用户开始信任这些扩展服务后，又会期望更多的功能。网络又会随着发展来支持不断增加的需求。图 1-3 展示了现在使用较多的两种服务：支付宝与手机淘宝。

图 1-3　支付宝与手机淘宝

1.1.3　网络行业就业机会与挑战

新技术的发展不断改变着信息技术（IT）领域。网络管理员、网络工程师、云计算工程师、信息安全管理人员及电子商务专员等这些职业在不断占据软件工程师以及数据库工程师等职位。

随着各行各业的发展，如医院管理、教育领域等非 IT 领域变得技术性更强，对于不同领域知识背景的 IT 专业人才的需求会急剧增长。

 # 1.2　计算机网络基本概念

1.2.1　计算机网络的定义

计算机网络，是指将地理位置不同的具有独立功能的多台计算机及其外部设备，利用通信设备和线路连接起来，以网络通信协议、信息交换方式和网络操作系统等实现资源共享和信息传递的计算机系统。

从定义中我们可以看出，现代计算机网络有以下特点。

- 资源共享是计算机的主要目的，计算机资源包括计算机硬件资源、计算机软件资源和数据文档等；
- 被连接的计算机自成一个完整的系统，各种类型计算机都必须有自己的 CPU、内存等完善的系统软件；
- 外部设备不能直接挂在网上，只有直接受一台计算机控制的外部设备，才能通过某种控制方式成为网上资源；
- 计算机之间的互连通过通信设备及通信线路来实现，其通信方式多样化，通信线路介质多样化；
- 计算机有完善的网络软件支持；
- 计算机之间的通信必须遵循统一的标准，即通信协议。

1.2.2　计算机网络的组成

1. 计算机网络的逻辑组成

图 1-4 为典型的计算机网络系统示意图。从计算机网络的组成角度来分，一个完整的计算机网络在逻辑上由资源子网和通信子网构成。资源子网负责信息处理，提供资源；通信子网负责全网中的数据通信，信息传递。

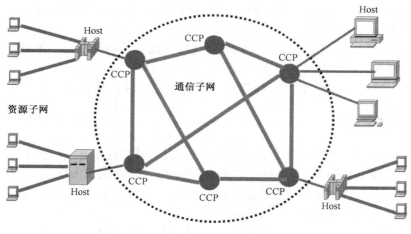

图 1-4　典型的计算机网络示意图

资源子网由主机、用户终端、网络外部设备、各种软件与硬件资源组成。资源子网主要负责网络数据处理业务，向用户提供各种网络资源。

① 主机是资源子网中最主要的组成部分，可以是各种类型的计算机，它通过以太网链路连接到通信子网。主机中除了装有网络操作系统外，还有各种应用软件、配置的数据库以及各种文档数据。

② 用户终端可以是简单的输入 / 输出设备和现流行的各种移动终端设备，通常可以通过一些方式，如 WiFi、蓝牙等连入网络。

③ 网络操作系统是建立在各主机操作系统之上的一个操作系统，用于实现在不同的主机系统之间用户通信及软硬件资源的共享，并向用户提供统一的接口以便使用网络。

④ 网络数据库是建立在操作系统之上的系统软件，一般情况会把它安装在服务器终端以便存储大规模的数据文档。主机可以通过网络访问数据库中的数据与服务，以便实现网络数据库的共享。

通信子网主要由网络节点和通信链路组成。网络节点也称为转接节点或者中间节点，它们的作用是控制信息的传输和在端节点之间转发信息。

① 通信控制处理机被称为网络节点，一般指网络设备，如交换机、路由器等，它们起到数据中转的作用，主要负责数据的接收、存储、校验和转发。

② 通信链路是传输信息的信道，它们可以是电话线、同轴电缆或者光线，也可以是无线传输介质，如无线电、卫星或微波等。

③ 其他通信设备有信号转换器，利用信号变换设备进行变换以适应不同传输媒体的要求，如调制解调器，俗称猫，它可以把计算机中的数字信号转换成电话线上可以传输的模拟信号。

2. 计算机网络的软件组成

网络软件是实现网络功能所不可缺少的软件环境，为了协调网络系统资源，系统需要通过软件工具对网络资源进行全面的管理、调度与分配，并且采取一定的保密措施保证数据的安全性与合法性等。网络软件多种多样，目前常用的软件包括以下几种。

- 网络操作系统：最主要的网络软件，负责管理网络中各种软硬件资源，如 Windows NT；
- 网络通信软件：实现网络中节点间的通信；
- 网络协议和协议软件：通过协议程序实现网络协议功能，如 TCP/IP；
- 网络管理软件：用来对网络资源进行管理和维护；
- 网络应用软件：为用户提供服务，解决某方面的实际应用问题。

3. 计算机网络的硬件

网络硬件的选择对网络起着决定性作用，它们是计算机网络系统的基础架构，要构成一个计算机网络系统，首先要将计算机及其相关的硬件设备与网络中的其他计算机系统连接起来，计算机网络硬件系统包括计算机、终端、集线器、中继器、路由器、网桥、交换机等，在硬件系统中，我们还要了解一下几个概念。

- 节点（Node）：也称为"结点"，是指网络中计算机设备。节点可以分为访问节点和转接节点两类。转接节点的作用是支持网络的连接性能，它通过所连接的链路转接信息，实现信息的转接，通常有集中器、信息处理机等。访问接点也简称为端点（End Point），它除具有连接作用外，还可起信息发送端和接收端的作用，一般包括计算机或终端设备。
- 线路（Line）：在两个接点间承载信息流的信道称为线路。线路可以采用电话线、双绞线缆、光钎等有线信道，也可以是无线电信道。
- 链路（Link）：链路是指从发信点到收信的一串接点和线路。链路通信是指端到端的通信。链路由通信设备和传输介质组成。

1.2.3 计算机网络的分类

1. 按网络作用范围划分

按地理分布范围划分，计算机网络可以分为广域网、局域网和城域网三种。

（1）广域网（WAN）

广域网（WAN）分布范围可达数百至数千千米，可以覆盖一个国家或者几个洲，形成国际性的远程网络。

（2）局域网（LAN）

局域网（LAN）是将小区域内的各种设备连接在一起的网络，其分布范围局限在一个办公室、一幢大楼或一个校园内，用于连接个人计算机、工作站和各类外围设备以实现资源共享和信息交换。其重要的特点是：覆盖范围有限，提供高数据传输速率、低误码率的高质量数据传输环境。

（3）城域网（MAN）

城域网（MAN）是介于广域网和局域网之间的一种高速网络，满足几十千米范围内的大量企业、学校、公司等多个局域网的连接需求。

2．按通信传播方式划分

按传输技术划分，计算机网络可分为广播方式、组播方式和点对点方式三类。

（1）广播方式

所有计算机共享一个公共的信道。当一台计算机利用信道发送数据时，其他所有的计算机都会收到这个数据。由于发送的数据中有目的地地址和源地址，如果接收到该数据的计算机的地址与目的地地址相同，则接受，否则会丢弃数据。

（2）组播方式

所有的计算机被划分成不同的组，同一个组中的计算机发送数据，该组中的其他成员能够收到数据，其他组的成员不能收到数据。

（3）点对点方式

每条物理线路连接一对计算机。如果源节点与目的节点之间没有直接相连的线路，那么源节点发送的数据就要通过中间节点接收、存储、转发，直至传输到目的节点。

3．按拓扑结构划分

网络拓扑是指网络形状，网络在物理上的连通性。"拓扑"一词的概念来自离散数学中的图论。网络的拓扑结构主要有星形拓扑、树形拓扑、总线形拓扑、环形拓扑、网形拓扑。

（1）星形拓扑

网络由各节点以中央节点为中心相连接，各节点与中央节点以点对点方式连接，节点之间的数据通信要通过中央节点，如图 1-5 所示。

星形拓扑的特点：结构简单，管理方便，可扩充性强，组网容易，中心节点成为全网可靠性的关键。

（2）树形拓扑

树形拓扑又称为拓展星形拓扑，中央星形拓扑上的节点是另一个星形拓扑的中心节点，如图 1-6 所示。

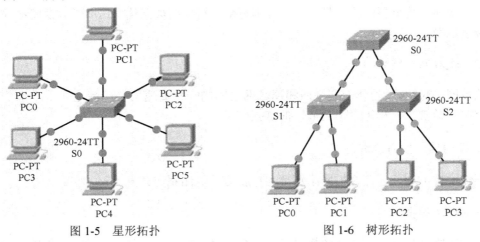

图 1-5　星形拓扑　　　　　　　　　图 1-6　树形拓扑

树形拓扑特点：减少了链路与设备的投资，除具备星形的优点之外，更富于层次，从而可隔离某些网络流量。

（3）总线形拓扑

在总线形拓扑中，所有节点直接连到一条物理链路上，除此之外节点间不存在任何其他连接，如图 1-7 所示。

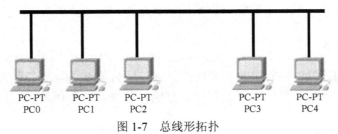

图 1-7　总线形拓扑

总线形拓扑的特点：每一个节点可以收到来自其他任何节点所发送的信息，简单、易于实现；可靠性和灵活性差、传输延时不确定。

（4）环形拓扑

节点与链路构成了一个闭合环，每个节点只与相邻的两个节点相连，如图 1-8 所示。

环形拓扑的特点：每个节点必须将信息转发给下一个相邻的节点。简单、易于实现，传输延时确定；维护与管理复杂。

（5）网形拓扑

网形拓扑又称无规则形拓扑。节点间的连接是任意的，不存在规律，如图 1-9 所示。

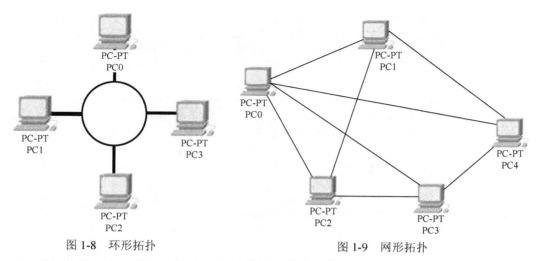

图 1-8　环形拓扑　　　　　　　　　　　　图 1-9　网形拓扑

网形拓扑的特点：数据的传输依赖于所采用的网络设备，多条链路提供了冗余连接，结构复杂。

4. 按照网络交换方式划分

按照交换方式划分，网络可以分为电路交换网、报文交换网和分组交换网络。

（1）电路交换（Circuit Switching）

电路交换类似于传统的电话交换方式，用户在通信之前必须先建立一条物理信道，并且在通信过程中始终占用该信道，直到通信结束释放，如图 1-10 所示。

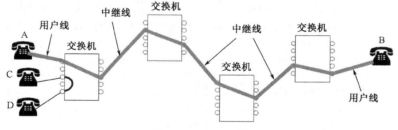

图 1-10　电路交换

（2）报文交换（Message Switching）

采用报文交换方式传输数据时每次要发送一个完整的报文，长度并无限制。报文交换采取存储转发的原理，每个报文中含有目的地址，每个中间节点为报文选择合适的路径，最终到达目的地。

（3）分组交换（Packet Switching）

分组交换是计算机网络时代的开始。发送数据时，发送端先将数据划分为一个个等长的单位（分组），每个单位前面添加上首部构成分组，依次把各分组发送到接收端，其过程如图 1-11 所示。

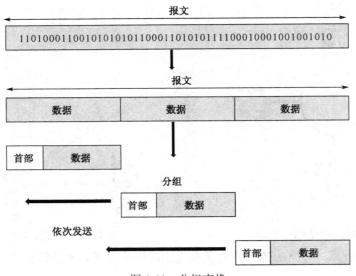

图 1-11　分组交换

　　网络还可以按照其他一些标准划分，如按照通信介质分为有线网络与无线网络；按照使用者可以分为公用网络、专用网络；按照控制方式可以分为集中式网络与分布式网络等。

1.3　网络模拟器 Packet Tracer

　　网络模拟器 Packet Tracer 是由美国思科公司开发的一款模拟仿真软件，该软件为学习网络课程的人提供了网络模拟环境。用户可以在图形界面上直接使用单击和拖曳的方法建立网络拓扑，进行设备配置、网络故障排除工作，并且可以提供数据包在网络中流动的详细处理过程，观察网络的实时运行情况（注释：本书本所有网络实验均以 Packet Tracer 6.0 以上版本运行）。

1.3.1　Packet Tracer 安装过程

　　① 双击 Packet Tracer 软件安装包，如图 1-12 所示。

图 1-12　安装步骤

② 单击 Next 按钮。

③ 选择 ⊙ I accept the agreement ，单击 Next 按钮。

④ 选择安装目录，单击 Next 按钮。

⑤ 此步用于设置开始菜单中目录的名称，可忽略，单击 Next 按钮。

⑥ 选择是否创建桌面快捷方式和快捷启动按钮，可根据个人习惯勾选，单击 Next 按钮。

⑦ 单击 Install 按钮开始安装。

⑧ 安装结束后弹出提示框，请关闭所有浏览器或重启计算机，单击确定按钮。

⑨ 单击 Finish 按钮（如勾选 ☑ Launch Cisco Packet Tracer 则表示单击 Finish 按钮后立即运行 Packet Tracer）。

⑩ 首次运行 Packet Tracer 时可能会弹出窗口，提示 Packet Tracer 会将你的用户文件存放在（C:/Document and Setting/Administrator/Cisco Packet Tracer 6.0.1）文件夹中，单击确定按钮即可。

⑪ 进入 Packet Tracer 工作界面，如图 1-13 所示。

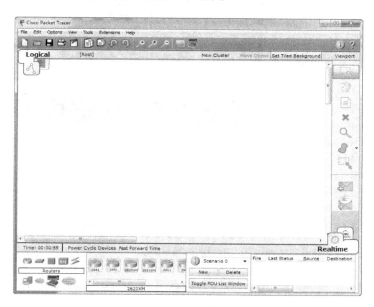

图 1-13　Packet tracer 界面

1.3.2　Packet Tracer 使用方法

Packet Tracer 6.0.1 非常简明扼要，中间白色的部分是工作区，工作区上方是菜单栏和工具栏，工作区下方是网络设备、计算机、连接栏，工作区右侧为选择设备工具栏。

在设备工具栏内先找到要添加的设备类别，然后从该类别的设备中寻找想要添加的设备。在操作中，本例先选择交换机，然后选择具体型号的思科交换机，如图 1-14 所示。

单击设备，可以查看设备的前面板、具体模块及配置功能，如图 1-15 所示。

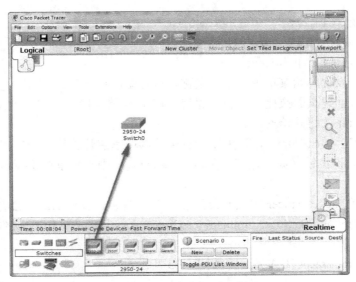

图 1-14　拖曳交换机到工作区

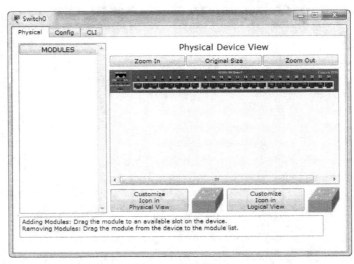

图 1-15　设备面板

思科 Packet Tracer 6.0.1 有很多连接线，每一种连接线代表一种连接方式：控制台连接、双绞线交叉连接、双绞线直连连接、光纤连接、串行 DCE 及串行 DTE 连接等连接方式。如果不能确定应该使用哪种连接，可以使用自动连接，让软件自动选择相应的连接方式，如图 1-16 所示。

图 1-16　连接线缆

利用 Packet Tracer 6.0.1 把网络环境搭建好后，就可以模拟真实的网络环境进行实验了。如图 1-17 所示是搭建好的一个网络拓扑。

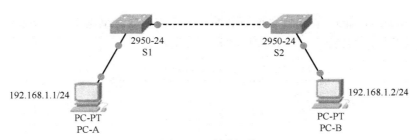

图 1-17　实验拓扑

　　右侧的工具栏里有实现网络设备之间发送数据包功能的按钮，如图 1-18 所示。

　　用鼠标左键单击一个信封图样的按钮，然后再单击源终端设备与目的终端设备就能发送数据包。Packet Tracer 还可以在设备通信时观察数据包的传输以及封装情况，把 Packet Tracer 切换到模拟模式（Simulation），在右侧工具栏的下方有一个 Simulation 选项卡，单击后会出现模拟面板（Simulation Panel），如图 1-19 所示。

图 1-18　发送数据按钮　　　　　　　　　　图 1-19　模拟模式

　　单击 Capture/Forward 按钮可以观察数据包的传输情况，如图 1-20 所示。

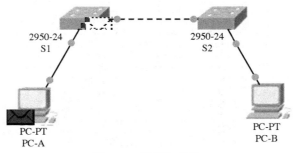

图 1-20　数据包传输

13

单击 Simulation Panel 中 Info 菜单下面的彩色正方形或者单击工作区中动态数据包信封图样可以观察数据封装情况，如图 1-21 和图 1-22 所示。

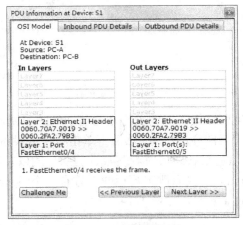

图 1-21　OSI 模型封装

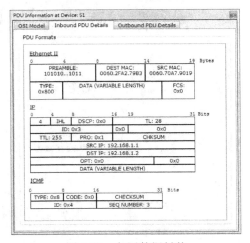

图 1-22　各层数据封装

计算机网络中协议众多，数据包种类也较多，为了便于观察目标数据包，可以通过 Edit Filters 按钮来过滤数据包，如图 1-23 所示。

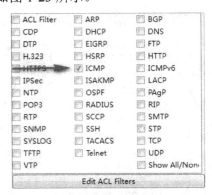

图 1-23　过滤数据包

Packet Tracer 功能强大，是网络初学者非常有用的辅助学习工具，其他相关功能会在以后章节中逐渐讲解。

1.4　复习题

1．选择题

① 下列设备中不属于通信子网的是（　　　）。

A．交换机　　　　　B．路由器　　　　　C．主机　　　　　D．调制解调器

② 组建计算机网络的目的是实现联网计算机系统的（　　　）。

A．硬件共享　　　　B．软件共享　　　　C．数据共享　　　　D．资源共享

③ 一座大楼内的一个计算机网络系统属于（　　　）。

A．WLAN　　　　　B．LAN　　　　　C．WAN　　　　　D．MAN

④ 下列关于计算机网络拓扑结构的叙述中，正确的是（　　　）。

A．网络拓扑结构是指网络节点间的分布形式

B．目前局域网中最普遍采用的拓扑是总线形拓扑

C．树形结构的线路复杂，网络管理也较难

D．树形结构的缺点是，当需要增加新的工作站时成本较高

⑤ 计算机网络中可以共享的资源包括（　　　）。

A．硬件、软件、数据、通信信道

B．主机、外设、软件、通信信道

C．硬件、程序、数据、通信信道

D．主机、程序、数据、通信信道

⑥ 最早的计算机是由（　　　）组成系统。

A．计算机－通信线路－计算机

B．PC－通信线路－PC

C．终端－通信线路－终端

D．计算机－通信线路－终端

2．填空题

① 计算机网络按照网络拓扑结构分为＿＿＿＿＿＿、＿＿＿＿＿＿、＿＿＿＿＿＿、＿＿＿＿＿＿和＿＿＿＿＿＿。

② 计算机网络系统的逻辑结构包括＿＿＿＿＿＿和＿＿＿＿＿＿两部分。

③ 根据计算机网络的交换方式，可以分为＿＿＿＿＿＿和＿＿＿＿＿＿。

④ 目前，电话双绞线上网的主流数据传输速率为＿＿＿＿＿＿。

3．解答题

① 什么是计算机网络？

② 什么是网络拓扑结构？计算机网络的拓扑结构有哪些，各有什么特点？

1.5 实践技能训练

实验一 网络模拟器 Packet Tracer 使用训练

1. 实验简介

Packet Tracer（PT）是一个网络模拟器，可用于创建模拟网络、配置网络中的设备、测试网络与连通性能。在 Packet Tracer 中创建模拟网络的第一步是将设备放入模拟器的主界面工作区并且连接到一起。Packet Tracer 使用的符号与整个课程中使用的符号相同。请将 PT 中的图标与符号列表中的符号对应起来。

2. 学习目标

- 学习 Packet Tracer 主界面和相关菜单功能；
- 找到用于在工作区中放置设备符号的主要设备；
- 研究可放入工作区的设备及其表示符号；
- 添加设备符号到主工作区；
- 使用自动连接方式连接逻辑工作空间中的设备；
- 能够添加修改设备的模块。

3. 实验任务与要求

① 当 Packet Tracer 启动时，将会以实时模式显示网络的逻辑视图。PT 界面的主要部分是工作区。这是一个大的空白区域，用于放置和连接设备。

② 按照顺序添加以下设备到主界面工作区。

- 一台服务器；
- 一台打印机；
- 一台 3560 交换机；
- 一台 1841 路由器；
- 一台集线器（Hub）；
- 一部 IP 电话；
- 一台 PC；
- 一台笔记本电脑。

4. 使用自动连接方式连接设备

5. 实验拓展

① 添加一台无线设备（无线路由器或者无线 AP）。

② 添加一台笔记本电脑，并且把笔记本电脑的网卡模块换成无线网卡。

③ 无线笔记本电脑连接无线网络。

实验二　创建小型实验拓扑

1. 实验简介

在实验环境中使用实际设备和实际介质布线时，必须选择正确的介质类型，通过正确的端口连接设备。在许多情况下，不同的电缆使用相同的连接器类型，很容易出现错误类型的电缆连接到错误端口的情况，可能损坏设备。在 Packet Tracer 中，有可能会选择不同类型的介质来连接设备，由于连接器相同，可能会将其插入错误的端口。本练习中涉及常用的两台路由器实验设置，其中配置了所有设备。检查设备配置，选择正确的介质类型，连接设备，然后验证连通性。

2. 学习目标

● 检查路由器的配置；
● 查看路由器配置；
● 记录活动的端口；
● 连接设备；
● 使用正确类型的介质连接设备；
● 验证连通性。

3. 实验任务与要求

① 按照图 1-24 所示添加相应的设备，并且要求设备的显示名字一致。

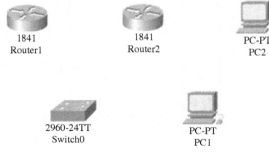

图 1-24　实验设备

② 使用正确类型的介质连接设备。

交换机和集线器的端口具有交叉功能，可以使用直通铜缆连接 PC 或路由器到交换机。使用直通铜缆将 Router1 的接口 FastEthernet0/0 连接到交换机的接口 FastEthernet0/1，并且将 PC1 的接口 FastEthernet 连接到交换机的接口 FastEthernet0/2。

PC 可以使用交叉铜缆直接连接到路由器。使用交叉铜缆将 Router2 的接口 FastEthernet0/0

连接到 PC2 的接口 FastEthernet。

在 Packet Tracer 中，可以单击路由器来查看其配置。在实验环境中，第一次配置路由器通过控制台端口进行。控制台端口是使用全反电缆连接到 PC 的 RJ-45 端口，该全反电缆一端为 RJ-45 插头，另一端为 9 引脚 D 连接器，连接到 PC 的串行 RS-232 端口。在 Packet Tracer 处，此电缆标识为控制台电缆。使用控制台电缆将 PC1 的 RS-232 端口连接到 Router1 的控制台端口，并且将 PC2 的 RS-232 端口连接到 Router2 的控制台端口。

两个地点之间的专用租用线路包含连接到 CSU/DSU 或调制解调器等 DCE（数据通信设备）的 DTE（数据终端设备），如路由器。DCE 连接到服务提供商的本地回路。DCE 为同步串行通信提供时钟信号。在实验环境或 Packet Tracer 中，使用串行交叉电缆来模拟这种连接。一个路由器配置为在其串行接口提供时钟信号，而电缆的 DCE 端连接到该接口。将 Router1 的接口 Serial0/0/0（已配置为提供时钟信号）连接到 Router2 的接口 Serial0/0/0。选择串行 DCE 电缆。单击的第一台设备将会连接到电缆的 DCE 端。将 Router1 的接口 Serial0/0/0 连接到 Router2 的接口 Serial0/0/0。

4．实验拓展

① 单击两台路由器符号，使用 Config（配置）选项卡检查配置。

② 路由器有许多接口，但并非所有接口都在使用中。查看所有路由器接口的配置。对于每台路由器，要记录端口状态为打开和配置了 IP 信息的接口，对于串行接口，要记录设置了时钟速度的接口。

第 2 章

Internet 体系结构

【本章知识目标】

- 理解网络体系和分层模型的概念
- 掌握 OSI 参考模型的层次结构和各层功能
- 掌握 TCP/IP 参考模型的层次结构和各层功能
- 掌握各层协议数据单元（PDU）的概念
- 了解 OSI 与 TCP/IP 参考模型的区别

【本章技能目标】

- 掌握在 Packet Tracer 中使用模拟模式观察数据包封装过程的方法

 2.1　使用分层模型

　　计算机网络系统是一个非常复杂的系统。通常人们将一个复杂的系统划分为若干个容易理解和处理的子系统，然后分而治之，逐个加以解决。分层就是进行系统分解的最好方法之一。在 IT 行业，使用分层模型来描述网络通信的复杂过程。

2.1.1　分层体系结构

　　层次结构将计算机网络通信过程拆分成有明确定义且易于管理的层，每层的功能应用是明确的，并且是相互独立的，相同层次的进程通信协议及相邻层次之间的接口和服务是规定的。计算机网络体系结构通常指网络的层次结构及其协议的集合。

　　使用层次结构具有如下优点：
- 把网络操作进行分解得到复杂性较低的单元，结构清晰，易于实现和维护；
- 有助于协议的开发，层与层之间定义了兼容性的标准接口，开发设计人员专注于所关心的功能模块；
- 每层独立，不需要了解上下层的具体内容，只需要通过接口了解提供什么样的服务；
- 有利于竞争，因为可以使用不同厂商的产品；
- 使用通用语言来描述网络功能。

　　所以，我们在逐步理解网络通信的处理过程中慢慢从分层体系结构中受益。

2.1.2　可扩展的体系结构

　　可扩展的网络体系结构指在核心没有变化的情况下扩展，Internet 就是一个很好的例子。在过去的十几年中，Internet 规模增长迅速，但它的核心没有变化，还是路由器互连的私有和共有网络。

　　图 2-1 所示是一个分层设计网络，低层之间的流量不通过上层，这样上层可更有效工作并提供高流量网络。如此处理意味着低层结构的改变，例如，添加新的网络服务提供商（ISP）不会影响上层工作。虽然 Internet 是很多独自被管理的网络的集合，但每个网络的管理员对网络的互连性和扩展性必须依从标准，这样网络才能得以更好地扩展，如果不遵从网络标准，网络在接入 Internet 时通信会遇到问题。

2.2　OSI 参考模型

　　OSI 模型全称开放系统互联模型（Open System Interconnection Reference Model），是国际标准化组织（ISO）于 1984 年为了解决网络之间的兼容性问题，实现网络设备间的相互通信而提出的标准框架。

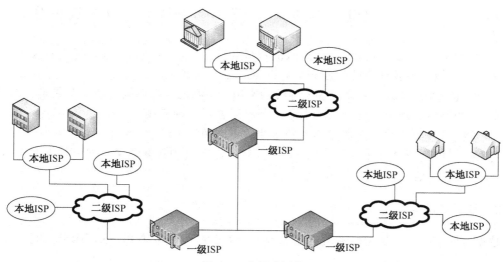

图 2-1　分层式网络

2.2.1　OSI 的结构

OSI 参考模型采用层次结构，将整个网络的通信功能划分成七个层次，如图 2-2 所示，由下而上分别是：第一层物理层（Physical Layer）、第二层数据链路层（Data Link Layer）、第三层网络层（Network Layer）、第四层传输层（Transport Layer）、第五层会话层（Session Layer）、第六层表示层（Presentation Layer）和第七层应用层（Application Layer），每一层都负责完成某些特定的通信任务。

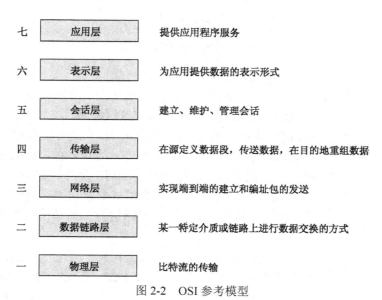

图 2-2　OSI 参考模型

1．物理层

物理层是 OSI 模型中的最低层，其功能是利用物理传输介质为上一层提供物理连接，即

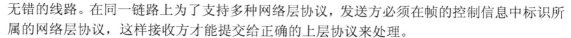

在终端设备之间传送比特（Bit）流。物理层协议定义了通信传输介质的物理特性，主要体现在以下方面。

① 机械特性：说明连接材质、引线的数目和排列等，以及电缆接头的几何尺寸等，例如，人们所使用的电源插头的尺寸和插针都有严格的规定。

② 电气特性：规定了物理连接上导线的电压、电流范围等电气连接及有关电路的特性。

③ 功能特性：规定了某一条线上某一个电压表示何种意义。

④ 规程特性：说明不同功能的各种事件的出现顺序。

物理层只能看见 0 和 1，它不能理解所处理的比特流的具体意义。常见的物理层传输介质有同轴电缆、双绞线、光纤、电磁波等。

2. 数据链路层

数据链路层提供在某一特定介质或链路上进行数据交换的方式，保证两节点间可靠地实现数据通信，如图 2-3 所示。由此可见，数据链路层协议与链路介质关系密切，不同介质需要不同的协议进行支持。

图 2-3 数据链路层任务

数据链路层的主要功能包括以下内容。

① 链路管理：当网络中双方需要通信时，必须先建立一条数据链路，保证在安全性的条件下，维持数据链路进行传输，而在通信结束后释放数据链路。

② 帧同步：在数据链路层，数据以帧为单位进行传送。发送方需要链路层将比特流编成帧，接收方需要识别帧开始与结束的地方。帧同步的方式有很多种，包括使用字符填充的首尾定界符法、使用比特填充的首尾标志法、违法编码法和字节计数法。

③ 流量控制：为了确保数据的正常收发，防止数据过快发送引起接收方的缓存溢出及网络拥塞，就必须控制发送方发送数据的速率。数据链路层控制的是相邻两个节点之间数据链路上的流量。

④ 差错控制：由于比特流传输可能出现错误，但是在物理层无法辨别，所以在数据链路层需要进行以帧为单位的差错控制。最常用的方法有 FCS（Frame Check Sequence）。

⑤ 传输资源控制：多个终端设备可能同时需要发送数据，此时需要数据链路层协议对资源进行分配。

⑥ 透明传输：数据链路层采用透明传输的方法传送网络层包，对网络层而言，是一条

无错的线路。在同一链路上为了支持多种网络层协议，发送方必须在帧的控制信息中标识所属的网络层协议，这样接收方才能提交给正确的上层协议来处理。

⑦ 寻址：数据链路层协议应该能标识介质上的所有节点，而且能够找到目的节点，以便将数据发送到正确的目的地。

数据链路层关心的主要问题是拓扑结构、物理地址、数据帧的有序传输和流量控制等。

3．网络层

网络层是 OSI 模型中的第三层，建立在数据链路层所提供的两个节点间的数据帧传送功能上。在网络层，数据的传送单位是包，网络层的任务就是选择合适的路径并转发数据包，使数据包能够从发送方到接收方，如图 2-4 所示。

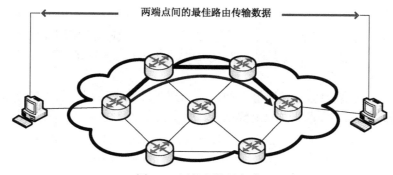

图 2-4 网络层协议操作

网络层的主要功能包括以下内容。

① 编址：网络层为每个节点分配一个地址，地址的分配为网络层从源到目的地选择提供了基础。

② 路由选择和中继：网络层的一个重要功能就是确定从源到目的地数据传送应该如何选择路由。实现网络层路由选择的设备是路由器。

③ 组包和拆包：在发送方，传输层的报文当到达网络层时被分为多个数据块，在这些数据块的头部和尾部加上一些相关控制信息后，即组成了数据包。数据包的头部包含源节点和目标节点的网络地址。在接收方，当数据从低层到达网络层时，要将各数据包原来加上的包头和包尾等控制信息去掉（拆包），然后组合成报文，送给传输层。

④ 流量控制：流量控制的作用是控制阻塞，避免死锁。网络的吞吐量（数据包数量／秒）与通信子网负荷（通信子网中正在传输的数据包数量）有着密切的关系。为防止出现阻塞和死锁，需进行流量控制，通常可采用滑动窗口、预约缓冲区、许可证和分组丢弃四种方法。

4．传输层

传输层位于 OSI 模型中第四层，是最重要、最关键的一层，负责整体的数据传输和数据控制，其主要任务是为会话层提供无差错的传输链路，保证两台设备间传递信息的正确无误。传输层传送的数据单元是段。

传输层的主要功能包括以下内容。

① 为端到端连接提供可靠的传输服务。

② 为端到端连接提供差错控制、重传等管理服务。

③ 负责执行流量控制。

5．会话层

会话层如同它的名字一样，实现建立、管理和终止会话关系的功能。例如，某个用户登录到远程系统并与之交换信息，会话层管理这一进程，控制哪一方有权发送信息，哪一方必须接收信息，会话层也进行差错恢复的处理。

6．表示层

表示层负责一个系统应用层发出的信息能被另一个系统的应用层读出，它要关注传输信息的语义和语法。在表示层，数据将按照大家约定的方法对数据进行编码，以便使用相同表示层协议的各方能够识别。

表示层还负责数据的加密和压缩。如有人未授权截获了数据，看到的是加过密的数据。如果传输的代价太高，压缩可以减少数据的比特数，降低费用。

7．应用层

应用层是 OSI 参考模型中最靠近用户的一层，它直接与用户和应用程序打交道，这些应用程序包括字处理程序、电子表格处理程序、图片处理等，应用程序负责对软件提供网络服务。这里的网络服务指文件传输、文件管理、电子邮件收发等。

2.2.2　协议数据单元

应用程序数据为了能正确地从一台主机传递到另一台主机，报头都会含有控制信息，当传送到下层时，被加入到数据中，完成封装过程。封装是指网络节点将要传送的数据用特定的协议打包后传送，多数是在原有数据之前加上封装头来实现的，某一些协议还需要在数据之后加上封装尾。在 OSI 七层模型中，发送方的每一层都对上一层数据进行封装，以保证数据能够正确传送到目的地。在接收方，每一层需要对本层的封装数据进行解封装并传送给上层。解封装是指去掉多余的信息，只将原始的数据发送给目标应用程序，图 2-5 显示了数据报封装与解封装的过程。

每一层的数据都有通用术语，称为协议数据单元（Protocol Data Unit，PDU），包括用户数据信息和协议控制信息等。但每一层的 PDU 是不同的。在 OSI 术语中，每一层传送的 PDU 都有特定称呼。例如，传输层数据称为段（Segment），网络层数据称为包（Packet），数据链路层数据称为帧（Fame）。

在 OSI 参考模型中，终端主机的每一层都与另一方的对等层次进行通信，但这种通信并不是直接进行的，而是要通过下一层为其提供的服务来间接实现对等层的交换数据。例如，一个终端设备的网络层与另一个终端设备的网络层进行通信，网络层的包称为数据链路层帧的一部分，然后转换成比特流传送到对端物理层，又依次到达对端的数据链路层、网络层，实现了对等层之间的通信，图 2-6 显示了对通信的模型。

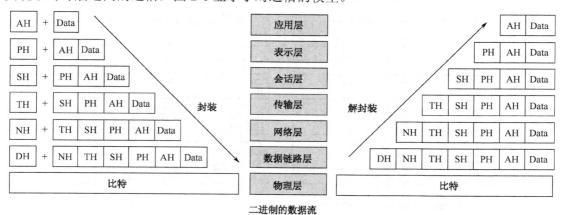

图 2-5　数据封装与解封装

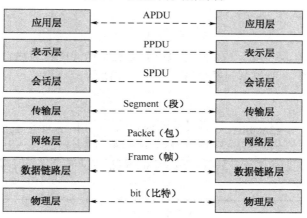

图 2-6　对等通信

为了观察 OSI 参考模型中各层数据报的封装以及协议数据单元，下面依据图 2-7 所示实验拓扑进行介绍。

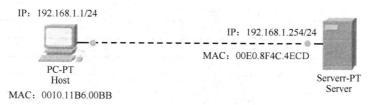

图 2-7　实验拓扑

Packet Tracer 模拟器切换到模拟模式来"停止时间"，数据包显示成动画信封，打开主机 Web Browser，输入服务器 IP 地址 192.168.1.254，用户可以逐步查看网络事件。单击事件列表中数据包的 Info（信息）正方形（或者单击逻辑拓扑中显示的数据包信封）时，将会打开 PDU Information（PDU 信息）窗口。它是 OSI 模型中协议数据单元 PDU 的表示形式。如图 2-8 所示是数据包在服务器端的解封装与封装的过程。

25

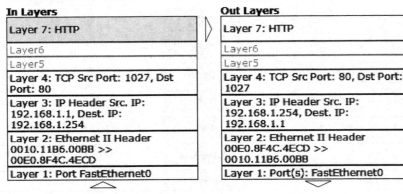

图 2-8　OSI 数据封装与解封装模型

1．解封装过程

首先，数据从物理层开始，收到源端 Host 主机发送的比特流后，服务器端检查帧发现目的地 MAC 地址匹配，所以解封装该帧，如图 2-9 所示。

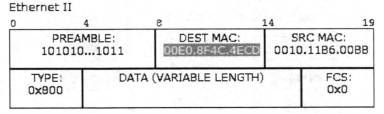

图 2-9　以太网帧

当数据到达网络层时，服务器端匹配 IP 地址后解封装成网络层数据包，如图 2-10 所示。

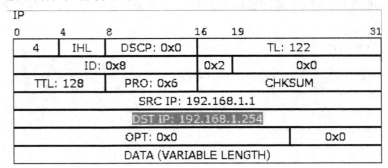

图 2-10　网络层数据包

当数据到达传输层时，服务器端接收到端口为 1027 的 TCP PUSH+ ACK 段，地址为 192.168.1.1。接收的数据段的信息为：序列号为 1，ACK 号为 1，数据长度为 102，TCP 重组所有的数据段并传递到上层，如图 2-11 所示。

TCP

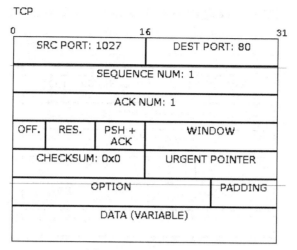

图 2-11　传输层数据段

当数据到达服务器的应用层时，服务器收到了 HTTP 请求，如图 2-12 所示。

HTTP

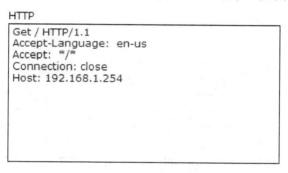

图 2-12　HTTP 请求

2. 封装过程

服务器端应用层发送 HTTP 回复给客户，如图 2-13 所示。

HTTP

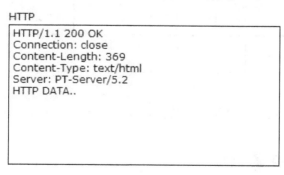

图 2-13　HTTP 回复

当数据到达传输层时被封装成数据段：序列号为 1，ACK 应答号为 103，数据长度为 471，如图 2-14 所示。

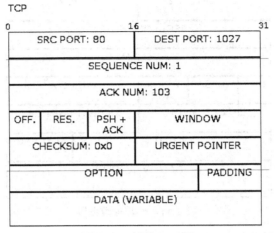

图 2-14　封装 TCP 段

数据到达网络层后继续被封装成数据包，如图 2-15 所示。

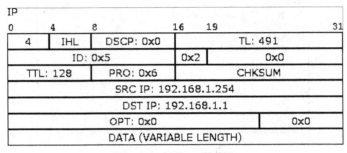

图 2-15　封装 IP 数据包

数据到达数据链路层后被封装成以太网帧，如图 2-16 所示。

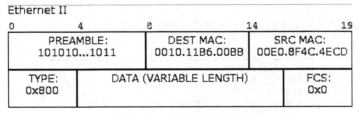

图 2-16　封装以太网帧

最后数据到达物理层，以透明的比特流在物理介质上发送到对端。

2.3　TCP/IP 模型

OSI 模型的提出在计算机网络发展史上具有重大意义，它为理解互连网络、开发网络产品和网络设计带来了极大的方便。但由于它过于复杂，难以完全实现，并没有真正地流行开来。TCP/IP 的提出和应用，结合了 Internet 用户的爆发式增长，它已经成为基础协议族。

　　TCP/IP 是目前最流行的网络协议，也采用了层次化结构，是开放的协议标准，可以免费使用。TCP/IP 简化了层次设计，它只有四层：应用层、传输层、网际层和网络接口层。

1. 网络接口层

　　TCP/IP 协议本身并没有详细描述网络接口层的功能，但是 TCP/IP 主机必须使用某种下层协议连接到网络，以便进行通信，所以网络接口层负责处理与传输介质相关的细节，为上一层提供一致的网络接口。该层没有定义任何实际协议，只定义了网络接口，任何已有的数据链路层协议和物理层协议都可以用来支持 TCP/IP。

　　典型的网络接口层技术包括常见的以太网、令牌网等局域网技术，用于串行连接的 HDLC、PPP 等技术，以及常见的 X.25、帧中继等分组交换技术。

2. 网际层

　　网际层是 TCP/IP 参考模型的第二层，主要功能是将源主机的信息正确地发送至目的主机，源主机和目的主机可以在一个网上，也可以在不同的网上。

　　网际层使用 IP 地址标识网络节点，使用路由协议生成路由信息，并且根据这些路由信息实现包的转发，使包能够到达目的地。网际层的功能与 OSI 参考模型中网络层相似。

3. 传输层

　　传输层位于网际层之上，主要负责为两台主机上的应用程序提供端到端的通信，使源和目的主机上的对等实体可以进行会话。常见的传输层协议有 TCP 和 UDP。因此，它与 OSI 参考模型中的传输层相似。

4. 应用层

　　应用层位于最高层，与 OSI 参考模型中高三层的功能任务相似，用于提供网络服务。典型的应用层协议包括 Telnet（登录远程服务器）、FTP（File Transfer Protocol，文件传输协议）、SMTP（Simple Mail Transfer Protocol，简单邮件传输协议）、SNMP（Simple Network Management Protocol，简单网络管理协议）、HTTP（Hypertext Transfer Protocol，超文本传输协议）等。

2.4　OSI 模型与 TCP/IP 模型的比较

　　TCP/IP 模型比 OSI 模型更流行，两者相比存在不少共同点，区别也很大。TCP/IP 参考模型与 OSI 参考模型都采用了层次结构的思想。不过层次划分和使用的协议有区别，但两者都不是完美的，均存在一定的缺陷。

　　两者的对比如图 2-17 所示，OSI 模型的应用、表示、会话层的功能被合并到 TCP/IP 模型的应用层；网络的大部分功能存在于传输层和网络层，因而它们在 TCP/IP 中还被保留在独立的层中。TCP 工作在传输层，IP 工作在网际层。OSI 中的数据链路层和物理层被合并到了 TCP/IP 中的网络接口层。

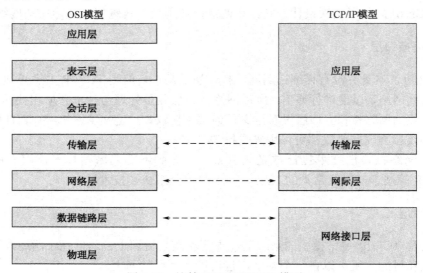

图 2-17 比较 OSI 和 TCP/IP 模型

　　OSI 参考模型的主要问题是定义复杂、实现困难，有些相同的功能出现在多个层次中，效率低下。TCP/IP 参考模型的缺陷是网络接口层并不是实际的一层，每层的功能定义与其实现方法没能区别开来，而且在服务、接口与协议的区别上不清楚。

　　ISO 在制定 OSI 参考模型过程中考虑的方面比较多，造成了 OSI 迟迟没有成熟的产品推出，进而影响了厂商对它的支持，因此，OSI 参考模型并没有专家所预期的那样风靡世界。而这时的 TCP/IP 参考模型通过实践不断地完善，得到了大厂商，比如 IBM、Microsoft、Novell 等大型网络公司的支持，所以 TCP/IP 参考模型得到了更大的发展。

2.5 复习题

1. 选择题

① 下面哪项与 OSI 模型的第三层相关联（　　　）。

A. IP　　　　　　　　B. FTP　　　　　　　C. TCP　　　　　　　D. DNS

② OSI 模型的第二层是（　　　）。

A. 物理层　　　　　B. 传输层　　　　　C. 数据链路层　　　D. 网络层

③ 下面什么与传输层相关联（　　　）。

A. IP 地址　　　　B. 帧　　　　　　C. MAC 地址　　　　D. TCP

④ 在 OSI 参考模型七层结构中，网络层的功能有（　　　）。

A. 确保数据的传送正确无误　　　　B. 确定数据包如何如何转发与路由

C. 在信道上传送比特流　　　　　　D. 纠错与流控

⑤ OSI 模型的第四层是（　　）。

A. 物理层　　　　　　　　　　　B. 传输层

C. 数据链路层　　　　　　　　　D. 网络层

⑥ 数据从上到下封装的格式为（　　）。

A. 比特包帧段数据　　　　　　　B. 数据段包帧比特

C. 比特帧包段数据　　　　　　　D. 数据包段帧比特

2. 填空题

① OSI 模型分为_____、_____、_____、_____、_____、_____和_____七个层次。

② 在数据链路层中定义的地址通常称为_____或_____。

③ 网络层处理的数据单位称为_____。

3. 解答题

① 什么是网络体系结构？为什么要定义网络体系结构？

② 什么是 OSI 参考模型？各层的主要功能是什么？

③ 将 TCP/IP 和 OSI 体系结构进行比较，分析其共同点及不同点。

2.6　实践技能训练

实验　OSI 模型各层 PDU 观察实训

1. 实验简介

在 Packet Tracer 的模拟模式中，可以看到有关数据包及其如何被网络设备处理的详细信息。常见的 TCP/IP 协议在 Packet Tracer 中都有模型，包括 DNS、HTTP、DHCP、Telnet 等。网络设备如何使用这些协议创建和处理数据包，在 Packet Tracer 中是通过 OSI 模型表示方式显示的。协议数据单元简称为 PDU。实验拓扑如图 2-18 所示。

图 2-18　实验拓扑

2. 学习目标

● 学习如何使用 Packet Tracer 观察 OSI 模型和 TCP/IP 协议；

● 研究数据包的处理过程。

3. 实验任务与要求

① 查看帮助文件和教程。

从下拉菜单中选择 Help（帮助）→Contents（内容），将会打开网页，从左侧选择 Operating

Modes（操作模式）→Simulation Mode（模拟模式），可以查看有关 Simulation Mode 的介绍。

② 在 PT 界面右下方可以切换实时模式和模拟模式。

PT 始终以实时模式启动，在此模式中，网络协议采用实际时间运行。不过，Packet Tracer 的强大功能在于它可以让用户切换到模拟模式来"停止时间"。在模拟模式中，数据包显示成动画信封，时间由事件驱动，而用户可以逐步查看网络事件。单击 Simulation Mode（模拟模式）选项。

③ 单击 Web 客户端 PC。

选择 Desktop（桌面）选项卡。打开 Web 浏览器，在浏览器的地址栏中输入 Web 服务器的 IP 地址 192.168.1.254。单击 Go（转到）将会发出 Web 服务器请求。最小化 Web 客户端配置窗口。由于时间在模拟模式中是由事件驱动的，所以必须使用 Capture/Forward（捕获／转发）按钮来显示网络事件。此时将会显示两个数据包，其中一个的旁边有眼睛图标，表示该数据包在逻辑拓扑中显示为信封。在 Event List（事件列表）中找到第一个数据包，然后单击 Info（信息）列中的彩色正方形。

④ 研究 OSI 模型视图中的设备算法。

当单击事件列表中数据包的 Info（信息）正方形（或者单击逻辑拓扑中显示的数据包信封）时，将会打开 PDU Information（PDU 信息）窗口，OSI 模型将组织此窗口。在我们查看的第一个数据包中，请注意 HTTP 请求（在第七层）是先后在第四、三、二、一层连续封装的。如果单击这些层，将会显示设备（本例中为 PC）使用的算法。查看各个层的变化这将是大部分剩余课程的主题。

⑤ 入站和出站 PDU。

当打开 PDU Information（PDU 信息）窗口时，默认显示 OSI Model（OSI 模型）视图。此时单击 Outbound PDU Details（出站 PDU 详细数据）选项卡，向下滚动到此窗口的底部，您将会看到 HTTP（启动这一系列事件的网页请求）在 TCP 数据段中被封装成数据，然后依次封装成 IP 数据包和以太网帧，最后作为比特在介质中传输。如果某设备是参与一系列事件的第一台设备，该设备的数据包只有 Outbound PDU Details（出站 PDU 详细数据）选项卡；如果是参与一系列事件的最后一台设备，该设备的数据包只有 Inbound PDUDetails（入站 PDU 详细数据）选项卡。一般而言，您将会看到出站和入站 PDU 详细数据，从而了解 Packet Tracer 如何为该设备建模的详细信息。

⑥ 数据包跟踪：数据包流动的动画。

当第一次运行数据包动画时，实际上是在捕获数据包，就像在协议嗅探器中一样。因此，单击 Capture/Forward（捕获／转发）按钮意味着一次"捕获"一组事件，逐步运行网页请求。请注意，只会显示 HTTP 相关数据包，而其他协议（如 TCP 和 ARP）也有数据包，但不会显示。在数据包捕获过程中的任何时间，都可以打开 PDU Information（PDU 信息）窗口。播放整个动画，直到显示"No More Events"（没有更多事件）消息。尝试此数据包跟踪过程——重新播放动画、查看数据包、预测下一步即将发生的事件，然后核实您的预测。

4. 实验拓展

用 ping 命令观察数据包的内容和处理过程。

第 3 章

物理层功能

【本章知识目标】

- 了解物理层的定义和概念，理解物理层提供的功能
- 了解常见的物理层标准及在网络中的应用
- 掌握常见物理介质的特性及应用场景
- 掌握数据传输速率的计算方法
- 熟悉常见的数据交换技术

【本章技能目标】

- 掌握 UTP 双绞线的制作和测试技能
- 掌握常见物理介质的连接技能

3.1　物理层接口与协议

　　物理层位于 OSI 参考模型的底层，直接面向实际承担数据传输的物理介质，主要功能是实现比特（Bit）流的传输，为上一层（数据链路层）提供数据传输服务。物理层不是指具体的物理设备或物理介质，而是指使用物理介质为数据链路层提供传输比特流的物理连接。

　　进入物理层的数据链路帧包含着代表应用层、表示层、会话层、传输层、网络层信息的比特串，这些比特串按照特定协议的要求通过铜缆、光纤或空气等物理介质传输，从一台设备传输到另一台设备。有可能很多协议的比特流共享此介质，也可能产生物理畸变。为了使数据链路帧通过介质传输，物理层对数据链路帧进行编码以使在介质的另一端的设备可以识别。信号经介质传输后，被解码为代表数据的原始比特，并封装成完整帧送给数据链路层。图 3-1 示意了完整的封装过程及被编码的二进制比特通过物理层介质传输到目的地的过程。

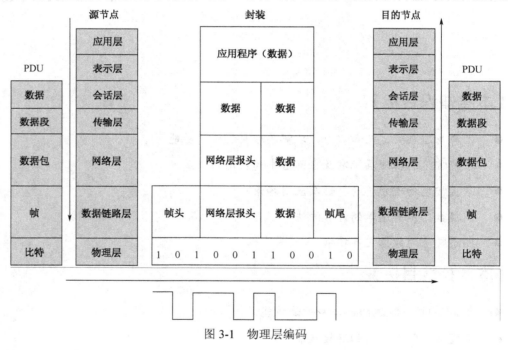

图 3-1　物理层编码

3.1.1　物理层接口

　　国际标准化组织（ISO）对 OSI 模型中物理层的定义为：在物理信道实体间合理通过中间系统，为比特传输所需的物理连接的激活、保持、去除提供机械的、电气的、功能性和规范性的手段。除 ISO 之外，物理层的规范由其他电气和通信工程组织定义而不是软件工程师定义，这些组织还包括：

- 电气电子工程师协会（IEEE）；
- 美国国家标准学会（ANSI）；

- 国际电信联盟（ITU）；
- 电子工业联盟 / 电信工业协会（EIA/TIA）等。

图 3-2 所示为物理层和其他层次的比较。

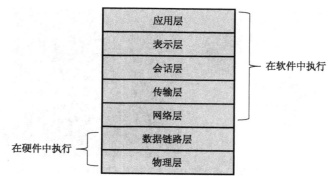

图 3-2 OSI 模型中的硬件和软件

ITU 也做了类似的定义：利用物理的、电气的、功能的和规范的特性在 DTE 和 DCE 之间实现对物理信道的建立、保持和拆除功能。

DTE（Data Terminal Equipment）：指数据终端设备，是用户所有连网设备或工作站的统称，是通信的信源或信宿。

DCE（Data Circuit-terminal Equipment）：指数据电路终接设备或数据通信设备，是为用户提供网络接入的网络设备的统称。

物理层接口协议实际是 DTE 和 DCE 设备之间通信的一组约定，物理层标准的制定能够使不同制造厂家根据公认的标准各自独立制造相互兼容的设备，图 3-3 所示为 DTE-DCE 接口框图。

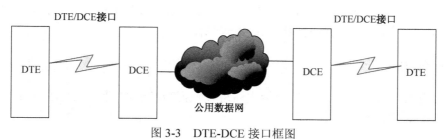

图 3-3 DTE-DCE 接口框图

3.1.2 物理层功能和提供的服务

1. 机械特性

DTE 和 DCE 之间通过多根导线相连，DTE 和 DCE 作为两种不同的设备通常采用连接器实现机械上的互连，即一种设备引出导线连接插头，另一种设备引出导线连接插座，然后使用插头、插座将两种设备互连。为了使不同厂家生产的设备便于连接，物理层的机械特性对插头和插座的几何尺寸、插针、插口芯数及排列方式做了详细的规定。图 3-4 所示为常见的两种通信所使用的针孔式插头和插座。左图为 RS-232（ANSI/EIA-232 标准）接口，是

IBM-PC 及其兼容机上的串行连接标准，俗称 DB9 接口；右图为 ISO 2110 标准接口，称为数据通信 25 芯 DTE/DCE 接口连接器和插针分配标准，它与 EIA（美国电子工业协会）的 RS-232-C 基本兼容，俗称 DB25 接口。

图 3-4　常用的通信插头和插座

2. 电气特性

DTE 与 DCE 之间的导线除了地线（参考电平线）之外，其他信号均有方向性。物理层的电气特性规定了导线的电气连接及有关电路的特性，一般包括接收器和发送器电路特性说明，表示信号状态的电压／电流电平的识别、最大数据传输速率。物理层还规定了接口线的信号电平、发送器的输出阻抗、接收器的输入阻抗等电气参数。

3. 信号的功能特性

物理层的功能特性规定了接口信号的来源、作用以及与其他信号之间的关系。接口信号线按功能一般可分为数据信号线、控制信号线、定时信号线和接地线等四类。信号线的名称可以使用数字、字母组合或英文缩写三种方式来命名。

4. 规范特性

物理层的规范特性规定了使用交换电路进行数据交换的控制步骤，这些控制步骤的应用使得比特流传输得以完成。

3.1.3　物理层协议标准

OSI 采纳了各种现成的协议，其中有 EIA 的 RS-232、RS-449 标准，ITU 的 X.21、V.35、ISDN 标准，ANSI 的 FDDI 标准，以及 IEEE 的 IEEE 802.3、IEEE 802.4、IEEE 802.5 标准中物理层部分的协议标准，典型的协议如下所述。

1. EIA RS-232C 接口标准

RS-232C 是 EIA 在 1969 年颁布的一种目前使用最广泛的串行物理接口标准。RS（Recommended Standard）意为"推荐标准"，232 是表示号码，C 表示该推荐标准被修改的次数。

RS-232C 标准提供了一个利用公用电话网络作为传输介质，并通过调制解调器将远程设备连接起来的技术规定。当远程设备与电话网相连时，通过调制解调器将数字信号转换为模拟信号，以使其与电话网相容（早期的电话网为模拟信号传输）。在通信线路的另一端，另一个调制解调器将模拟信号转换成相应的数字信号，从而实现比特流的传输，如图 3-5 所示。

图 3-5　RS-232C 接口示意图

RS-232C 接口标准也可以如图 3-6 所示用于直接连接两台近地设备，此时不使用电话网和调制解调器。但是这两个设备必须分别以 DTE 和 DCE 的方式成对出现才符合 RS-232C 标准接口的要求，所以，在这种情况下借助一种采用交叉跳接信号线的连接电缆——称为跳线，连接在电缆两端的 DTE 设备通过电缆来看对方好像都是 DCE 一样，从而满足接口标准。

2. ITU V.35 接口标准

V.35 最初用于传输 48 kbps 的音频信号，随着数据通信的发展，V.35 常被用于支持 DTE 和 CSU/DSU 之间的接口。CSU（Channel Service Unit）：通道服务单元，是把终端用户和本地数字电话相连的数字接口设备。DSU（Data Service Unit）：数据服务单元，能够把 DTE 设备上的物理接口适配到广域网的信号设施上。CSU 和 DSU 通常整合在一起，称作 CSU/DSU，一般作为独立的产品或集成到路由器的同步串口之上。CSU/DSU 属于 DCE 设备。

在对最初的 V.35 建议进行多次修订后，它现在可支持的数据传输速率最高可达 6 Mbps，成为当前通信设备中流行的、用于连接远程的高速同步接口。目前，大多数的服务单元，如分组交换机、路由器、远程网桥和网关都带有 V.35 接口。图 3-7 所示为 V.35 的接口电缆。

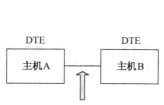

图 3-6　RS-232C 的跳线连接

图 3-7　V.35 的接口电缆

3. IEEE 802 系列标准

IEEE 为局域网制定了 802.1 至 802.9 一系列标准，其中包括物理层标准。图 3-8 所示为 IEEE 802 标准与 OSI 参考模型的对应关系。

IEEE 802.3 是在以太网（Ethernet）规范的基础上发展起来的，定义了物理层和数据链路层标准，物理层的核心机制是带有冲突检测的载波侦听多路访问（Carrier Sense Multiple Access with Collision Detection，CSMA/CD）机制。

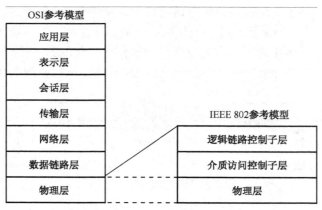

图 3-8　IEEE 802 参考模型和 OSI 的关系

IEEE 802 另外定义了各种以太网介质的传输速率和使用的介质，如表 3-1。

表 3-1　以太网速率和介质

标准	介质	速率	最大传输距离
10BASE-T	EIA/TIA 3、4、5 类 UTP 线缆	10 Mbps	100 m
100BASE-TX	EIA/TIA 5 类 UTP 线缆	100 Mbps	100 m
100BASE-FX	5.0/62.5 μm 多模光纤	100 Mbps	2 km
1000BASE-T	EIA/TIA 3、4、5 类 UTP 线缆	1 000 Mbps	100 m
1000BASE-SX	5.0/62.5 μm 多模光纤	1 000 Mbps	最长 550 m
1000BASE-LX	5.0/62.5 μm 多模光纤或 9 μm 单模光纤	1 000 Mbps	多模 550 m，单模 10 km
1000BASE-ZX	单模光纤	1 000 Mbps	近似 70 km
10GBASE-ZR	单模光纤	10 Gbps	最大 80 km

3.2　物理层介质

物理层的传输介质是通信网络中发送方和接收方直接的物理通路，计算机网络中采用的传输介质可以分为有线和无线两大类。常用的三种有线传输介质是双绞线、同轴电缆和光纤；常用的无线传输介质主要是电磁波和激光，用于无线电通信、微波通信、红外通信、蓝牙通信、激光通信等。

3.2.1　双绞线

双绞线是局域网中最基本的传输介质，由具有绝缘保护层的 4 对 8 芯线组成，每 2 条线缠绕在一起，称为一个线对。两根绝缘隔离的铜导线按一定密度互相绞在一起，可降低信号干扰的程度，每一根导线在传输中辐射的电磁波会被另一根线上发出的电磁波抵消。不同线对具有不同的扭绞长度，能够较好地降低信号的干扰辐射。

双绞线两端安装 RJ-45 接头，用于连接网卡和交换机或路由器的以太口，双绞线的传输范围一般是 100 m。

1. 双绞线的类型

双绞线可以分为非屏蔽双绞线（Unshielded Twisted Pair，UTP）和屏蔽双绞线（Shielded Twisted Pair，STP）。

非屏蔽双绞线原先是为模拟语言通信而设计的，现在同样支持数字信号，特别适合较短距离的信息传输，一般五类以上的 UTP 双绞线的传输速率可以达到 100 Mbps。UTP 双绞线外观如图 3-9 所示，结构如图 3-10 所示。

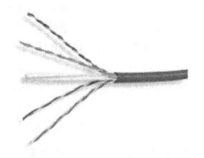

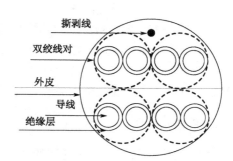

图 3-9　UTP 双绞线外观　　　　　　　图 3-10　UTP 双绞线截面图

屏蔽双绞线需要一层金属箔（覆盖层）把电缆中的每对线包起来，有时候利用另一层覆盖层把多对电缆中的各对线包起来或利用金属屏蔽层取代包在外面的金属箔。覆盖层和屏蔽层有助于吸收环境干扰，并将其导入地下以消除干扰。

屏蔽双绞线的价格相对较高，安装时比 UTP 线缆困难，必须有支持屏蔽功能的特殊连接器和相应的安装技术，但它有较高的传输速率。屏蔽线的外观如图 3-11 所示，截面图如图 3-12 所示。

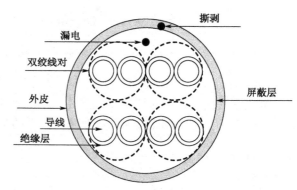

图 3-11　STP 双绞线外观　　　　　　　图 3-12　STP 双绞线截面图

在实际应用中，一般以非屏蔽线为主，主要优点是无屏蔽外套、重量轻、易弯曲、易安装，具有独立性和灵活性，适用于结构化综合布线。

2. 双绞线的型号

EIA/TIA 为双绞线电缆定义了 6 种不同规格的型号。

- 一类线：主要用于传输语音，不用于数据传输。
- 二类线：传输频率为 1 MHz，用于语音和最高速率为 4 Mbps 的数据传输。
- 三类线：传输频率为 16 MHz，用于语音及最高传输速率为 10 Mbps 的数据传输，主要用于 10Base-T 网络。
- 四类线：传输频率为 20 MHZ，用于语音及最高传输速率为 16 Mbps 的数据传输，主要用于 10/100Base-T 网络。
- 五类线及超五类线：该类电缆增加了绕线密度，外套一种高质量的绝缘材料，传输速率为 100 Mbps，用于语音及最高传输速率为 100 Mbps 的数据传输，主要用于 10/100Base-T 网络，短距离传输也可达到 1 Gbps。五类非屏蔽双绞线是最常见的以太网电缆。
- 六类线：传输性能高于五类、超五类标准，最适用于传输速率高于 1 Gbps 的应用。

3. UTP 接头

UTP 双绞线是局域网最常使用的物理连接介质，UTP 电缆通常使用 ISO 8877 指定的 RJ-45 接头进行端接，该接头可用于多种物理层规范，包括以太网。如图 3-13 所示，RJ-45 接头是按接在电缆末端的插头型组件，插孔是插座型组件，位于网络设备、墙壁、小间隔板插座或配线面板之上。

图 3-13　UTP 插头和插槽

RJ-45 插头和插槽里面都使用了铜介质和缆线相接，以保证导通性。每次端接铜缆后，都有可能丢失信号，并对通信电路产生噪声。如果端接不正确，每根电缆都将是物理层性能退化的潜在源头。为确保当前和未来网络技术的最佳性能，必须保证所有铜介质的端接质量。

4. UTP 电缆类型

根据不同的布线约定，不同场合需要不同的 UTP 电缆，这意味着按照不同的顺序将电缆的各条导线连接到 RJ-45 接头的不同引脚组，以下是常见的三种电缆类型。

- 以太网直通电缆：最常见的网络电缆类型，常用于主机到交换机和交换机到路由器的互连。
- 以太网交叉电缆：用于互连相似设备的电缆，例如，交换机到交换机、主机到主机或路由器到路由器的连接。

● 反转电缆：用于连接交换机或路由器的控制台端口。

表 3-2 列出了以上三种 UTP 电缆的类型和用途。

表 3-2　UTP 电缆类型

电缆类型	TIA/EIA 标准	用途
直通电缆	两端都遵循相同的标准，都为 568A 或都为 568B	将网络主机连接到集线器或交换机、交换机到路由器
交叉电缆	一端为 568A，另一端为 568B	连接类似的网络设备
反转电缆	一端为 568A，另一端全部反接	主机串行接口连接到网络设备的控制台端口

在设备间错误地使用交叉电缆或直通电缆不会损坏设备，但也无法连通设备进行通信。如果没有连通，检查设备连接是否正确是排除故障的第一步。现在，部分以太网交换机端口支持交叉线和直通线的自适应，两种线都能连通。图 3-14 显示了 568A 和 568B 定义的接头引脚和双绞线 4 对线的对应关系，其中线对 1 为白蓝-蓝线对，线对 2 为白橙-橙线对，线对 3 为白绿-绿线对，线对 4 为白棕-棕线对。

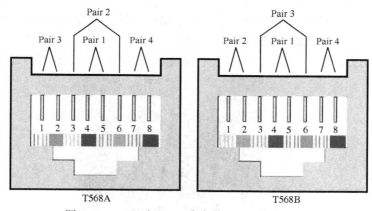

图 3-14　568A 和 568B 定义的 RJ-45 接头引脚

5. UTP 双绞线的制作

UTP 双绞线是局域网内最常用的网络连接线，除了购买固定长度的成品线之外，可以用工具自行制作适合网络需要长度的双绞线，并且用测线仪测试制作的结果是否合格可用。

（1）材料

制作一根双绞线需要准备的材料如下。

● 2 个 RJ-45 水晶头；
● 长度合适的 UTP 电缆；
● 剥线／压线钳（或其他斜口钳、剥线器）；
● 网线测线仪。

图 3-15 为水晶头结构和剥线／压线钳外观图，水晶头中的 8 个铜片露在外面的部分为引脚，用于与插座接触，接触探针在水晶头里面，当用压线钳压制时，与电缆线中的铜导线

相切以获得导电能力。图中该类型的压线钳可以用于剪断 UTP 电缆、剥掉外皮，并且进行水晶头压制。

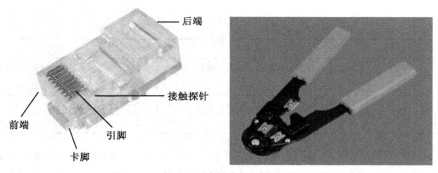

后端

接触探针

前端

引脚

卡脚

图 3-15　水晶头结构和剥线／压线钳外观

网线测试仪分为专用网线测试仪和普通网线测试仪。专用网线测试仪不仅能测试网络的连通性、接线的正误，验证网线是否符合标准，而且对网线传输质量也有一定的测试能力，如识别墙中网线、监测网络流量、自动识别网络设备、识别外部噪声干扰及测试绝缘性能等。普通网线测试仪使用非常简单，只要将已制作完成的双绞线或同轴电缆的两端分别插入水晶头插座或 BNC 接头，然后打开电源开关，观察对应的指示灯是否为绿灯，如果依次闪亮绿灯，表明各线对已连通，否则可以判断没有接通。图 3-16 所示为普通网线测试仪的外观。

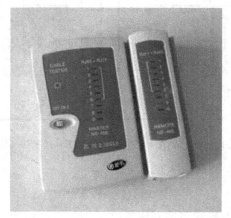

图 3-16　普通网线测试仪的外观

（2）步骤

双绞线的制作分以下 8 个步骤。

① 选线：选择线缆的长度，至少 0.6 m，最多不超过 100 m，根据使用的场合确定具体长度。

② 剥线：利用双绞线剥线／压线钳（或用专用剥线钳、剥线器及其他代用工具）将双绞线的外皮剥去 2～3 cm。

③ 排线：根据制作网络是直连线还是交叉线，按照图 3-14 所示的 EIA/TIA568A 或 EIA/TIA568B 标准排列线缆一端的芯线。以直连线一端的 568B 为例，排列好的线序和水晶

头插入的方向如图 3-17 所示。

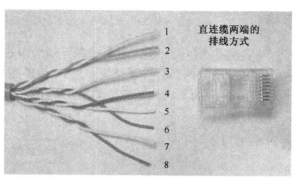

图 3-17　568B 排线

④ 剪线：在剪线过程中，需左手紧握已排好了的芯线，然后用剥线／压线钳剪齐芯线，芯线外留长度不宜过长，通常在 1.2～1.4 cm 之间。

⑤ 插线：插线就是把剪齐后的双绞线插入水晶头的后端，注意水晶头引脚朝上，如图 3-18 所示。

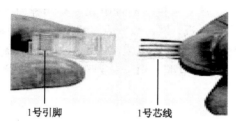

图 3-18　插线示意图

⑥ 压线：利用剥线／压线钳挤压水晶头，把 RJ-45 水晶头放入压线钳中形状和大小一致的卡槽内，用力压制到底，当听到轻微的咔声时可以确定已经压制到底。

⑦ 做另一线头：重复②～⑥步骤做好另一个线头，在操作过程同样要认真、仔细。

⑧ 测线：如果测试仪上 8 个指示灯依次为绿色闪过，证明网线制作成功。还要注意测试仪两端指示灯亮的顺序是否与接线标准对应，有任何一个指示灯不亮或者顺序错误，则制作失败。

（3）注意事项

压制过的水晶头无法二次使用。在制作双绞线时，需注意以下几方面问题，避免制作失败。

① 剥线时千万不能把芯线剪破或剪断。

② 双绞线颜色与 RJ-45 水晶头接线标准是否相符，应仔细检查，以免出错。

③ 插线一定要插到底，否则芯线与探针接触会较差或不能接触。

④ 排线过程中，手一定要紧握已排好的芯线，否则芯线会移位，造成白线之间不能分辩，出现芯线错位现象。

3.2.2　同轴电缆

同轴电缆是局域网中较早使用的传输介质，以单根铜导线为内芯（内导体），外面包裹一层绝缘材料（绝缘层），外覆盖密集网状导体（外屏蔽层），最外面是一层保护性塑料（外保护层）。同轴电缆的外观如图 3-19 所示，内部结构如图 3-20 所示。

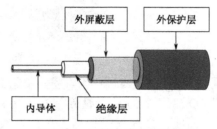

图 3-19　同轴电缆外观　　　　　　　　图 3-20　同轴电缆内部结构体

同轴电缆有两种：一种为 75 Ω阻抗的同轴电缆，另一种为 50 Ω阻抗的同轴电缆。75 Ω的同轴电缆常用于 CATV（有线电视）网，故称为 CATV 电缆，传输带宽可达 1 Gbps，目前常用的 CATV 带宽为 750 Mbps。50 Ω的同轴电缆常用于基带信号传输，传输带宽为 1～20 Mbps，总线型以太网可使用 50 Ω的同轴电缆。由于受到双绞线的强大冲击，同轴电缆已经逐渐退出了局域网布线的行列。

3.2.3　光纤介质

光纤是光导纤维的简称，它由能传到光波的超细石英玻璃纤维外加保护层构成。多条光纤组成一束，就构成光缆。相对于金属导线来说，光纤具有重量轻、线径细、传输保密、传输距离长、速率高的特点。目前，光纤布线主要用于以下 4 类网络。

- 企业网络：光纤用于主干布线和基础设施设备互连。
- FTTH 和接入网：光纤到户（FTTH）用于为家庭和小型企业提供不间断的宽带服务。
- 长途网络：服务提供商使用长途地面光纤网络来连接国家和城市，网络范围通常为几十或几千千米，系统速度高达 10 Gbps。
- 水下网络：特殊光缆可用于高速、高容量网络解决方案，并在严酷的海下环境中横跨海洋。

虽然光纤非常纤细，却有两种玻璃和防护外罩组成。纤芯由纯玻璃组成，用于承载光波传输；包层是包裹纤芯的玻璃，充当镜子的作用，使纤芯中传输的光波保留在光纤纤芯内（这种现象称为全内反射）；表皮通常是 PVC，用于保护纤芯和包层。图 3-21 所示为光缆的外观图，图 3-22 所示为光纤的截面结构图。

图 3-21 光缆的外观

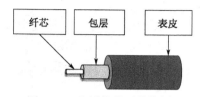

图 3-22 光纤的截面结构图

在光纤中传输数据的光脉冲是由激光发生器或发光二极管（LED）产生的，按对光波的传输特性不同可以分为单模光纤（SMF）和多模光纤（MMF）。单模光纤纤芯极小，使用昂贵的激光技术来发送单束光，常用于跨越数百千米的长距离传输。多模光纤纤芯较大，使用 LED 发送器发送光脉冲，常用于局域网，可以通过长达 550 m 的链路提供高达 10 Gbps 的带宽。

光纤接头端接于光纤末端，接头种类众多，主要区别在尺寸和机械耦合方式。常用的三种接头是直通式（ST）接头、用户接头（SC）和朗讯（LC）接头。

● ST 接头：广泛用于多模光纤的老式卡扣式接头。
● SC 接头：有时称方形接头或标准接头，广泛用于 LAN 和 WAN，使用推拉机制以确保正向插入，同时用于单模和多模光纤。
● LC 接头：有时称小型或本地接头，尺寸更小，用于单模光纤，但也支持多模光纤。

图 3-23 为三种常见光纤接头的外观图。

图 3-23 ST 接头、SC 接头、LC 接头外观

3.2.4 无线传输介质

无线介质不使用金属或玻璃纤维导体进行电磁信号传递，由于各种各样的电磁波都可以用来承载信号，所以电磁波被认为是一种介质。电磁波按频率从低到高可以分为无线电波、微波、红外线。作为网络介质，无线不像有线介质受限于导体或路径，无线介质是所有介质中可移动性最大的介质，使用无线介质的设备数量也不断增加。无线介质已经成为家庭网络的首选介质，无线连接在企业网络中也迅速受到欢迎。

3G 和 4G 移动网络及卫星通信使用的是不同频率的微波通信，短距离手机互连可以使用蓝牙通信，而家用遥控器一般使用红外线通信。

在无线数据通信领域，IEEE 和电信行业标准涵盖了数据链路层和物理层，常见的三种无线数据通信标准如下所述。

- IEEE 802.11 标准：无线 LAN（WLAN）技术，通常称为 Wi-Fi（Wi-Fi 不是标准，是 Wi-Fi 联盟的商标）。
- IEEE 802.15 标准：无线个域网（WPAN），通常称为蓝牙，采用设备配对过程进行距离 1～100 m 的通信。
- IEEE 802.16：微波接入全球互通（WiMAX），采用点到多点拓扑，提供无线宽带接入。

另外，移动电话和卫星通信也可以提供数据网络连接。

多年来，IEEE 制定了众多 802.11 标准，如表 3-3 所示。

表 3-3　IEEE WLAN 标准

标准	最大速率	频段
IEEE 802.11a	54 Mbps	5 GHz
IEEE 802.11b	11 Mbps	2.4 GHz
IEEE 802.11g	54 Mbps	2.4 GHz
IEEE 802.11n	600 Mbps	2.4 GHz 或 5 GHz
IEEE 802.11ac	1.3 Gbps	2.4 GHz 或 5 GHz
IEEE 802.11ad	7 Gbps	2.4 GHz、5 GHz、60 GHz

3.3　数据通信技术

数据通信是通信技术和计算机技术相结合而产生的一种新的通信方式。要在两地间传输信息必须有传输信道，根据传输媒体的不同，有有线数据通信与无线数据通信之分，它们都是通过传输信道将数据终端与计算机联结起来，而使不同地点的数据终端实现软、硬件和信息资源的共享。

3.3.1　数据通信系统模型

数据通信系统一般由以下几个部分组成。

- 数据终端设备（DTE）：简单数据终端、中央计算机系统。
- 数据电路终接设备（DCE）：信号转换设备（模拟、数字）。
- 信道：模拟信道、数字信道。
- 数据电路：信道＋两端 DCE（物理链路）。
- 数据链路：数据电路加上 DTE 中的通信控制功能（逻辑链路）。

图 3-24 与图 3-25 是两个典型的数据通信系统。

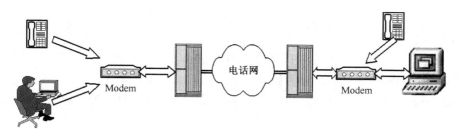

图 3-24　用户通过电话网拨号通信

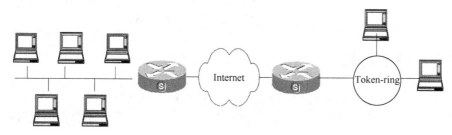

图 3-25　局域网用户通过 Internet 上网通信

3.3.2　数据传输速率

所谓数据传输速率（Data Transfer Rate），是指每秒能够传输的二进制信息位数，单位为比特／秒（Bits Per Second），记作 bps 或者 bit/s。

常用的数据传输速率单位有：千比每秒（kbps）、兆比每秒（Mbps）、吉比每秒（Gbps）和太比每秒（Tbps）。目前，最快的以太局域网的理论传输速率（也就是所说的"带宽"）可以达到 10 Gbps。其中：

1 kbps= 1 000 bps

1 Mbps= 1 000 kbps

1 Gbps= 1 000 Mbps

1 Tbps= 1 000 Gbps

数据传输速率计算公式

$$S =(1/T)\times \text{lb}N \text{ (bps)}$$

其中，T 为一个数字脉冲信号的宽度或重复周期（归零码情况），单位为秒；N 为一个波形代表的有效状态数，是 2 的整数倍。如二进制的一个波形可以表示为 0 和 1 两种状态，所以 $N = 2$；

通常，$N = 2^k$，K 为一个波形表示的二进制信息位数，$K = \text{lb}N$；当 $N = 2$ 时，$S = 1/T$，表示数据传输速率等于码元脉冲的重复频率。

当 N 有两个离散值时，数据传输速率的公式就可简化为 $S = 1/T$，表示数据传输速率等于码元脉冲的重复频率。由此，可引出另一技术指标——信号传输速率，也称码元速率、调制速率或波特率（单位为波特，记作 Baud）。信号传输速率表示单位时间内通过信道传输的码元个数，也就是信号经调制后的传输速率。若每个码元所含的信息量为 1 比特，则波特率等于比特率。

计算公式如下：

$$B = 1/T \text{(Baud)}$$

式中，T 为信号码元的宽度，单位为秒。

【例题 3-1】 采用四相调制方式，即 $N = 4$，且 $T = 8.33 \times 10^{-4}$ 地方，求该信道的比特率和波特率。

解答：

$$S = (1/T) \times \text{lb}N \text{(bps)} = 1/(8.33 \times 10^{-4}) \times \text{lb}4 = 2\,400 \text{(bps)}$$
$$B = 1/T = 1/(8.33 \times 10^{-4}) = 1\,200 \text{(Baud)}$$

3.3.3 信道容量

信道容量表征一个信道传输数据的能力，单位也用比特／秒（bps）。信道容量与数据传输速率的区别在于，前者表示信道的最大数据传输速率，是信道传输数据的极限；而后者表示实际的数据传输速率。

奈奎斯特（Nyquist）首先提出了无噪声环境下（理想低通信道）码元速率的极限值 B 与信道带宽 W 的关系：

$$B = 2 \times W \text{(Baud)}$$

其中，W 是理想低通信道的带宽，也称作频率范围，即信道上下限频率的差值，单位为 Hz。因此，表示数据传输能力的奈奎斯特公式为

$$C = 2 \times W \times \text{lb}N \text{(bps)}$$

其中，N 表示码元可能取得离散值得个数，C 表示信道的最大数据传输速率。

由以上公式可见，对于特定的信道，其码元速率不可能超过信道带宽的 2 倍，但如果提高每个码元可能取得离散值得个数，则数据的传输速率可以成倍的提高。实际的信道所能传输的最高码元速率，要明显地低于奈氏准则给出的上限数值。

【例题 3-2】 普通电话线路带宽约为 3\,000 Hz，求码元速率极限值。若码元的离散数值个数 $N = 8$，求最大数据传输速率。

解答：

$$B = 2 \times W = 2 \times 3\,000 = 6 \text{ kBaud}$$
$$C = 2 \times W \times \text{lb}N \text{(bps)} = 2 \times 3\,000 \times \text{lb}8 = 18 \text{ kbps}$$

任何实际的信道都不是理想的，在传输信号时会产生各种失真以及带来多种干扰。码元传输的速率越高，或信号传输的距离越远，在信道的输出端的波形的失真就越严重。实际的信道总要收到各种噪声的干扰，香农（Shannon）用信息论的理论推导出了带宽受限且有高斯白噪声干扰的信道的极限、无差错的信息传输速率。

信道的传输速率计算公式为

$$C = W \times \text{lb}(1 + S/N) \text{(bps)}$$

其中，W 为信道的带宽（以 Hz 为单位），S 为信道内所传信号的平均功率，N 为信道内部的高斯噪声功率。香农公式表明，信道的带宽或信道中的信噪比越大，则信息的极限传输速率就越高。

【例题 3-3】　已知信噪比为 30 dB，带宽为 3 kHz，求信道的最大数据传输速率。

解答：

$$10\lg(S/N) = 30$$
$$S/N = 10^{30/10} = 1\ 000$$
$$C = W \times \text{lb}(1 + S/N)(\text{bps}) = 3\ 000 \times \text{lb}(1+1\ 000) \approx 30\ \text{kbps}$$

3.4　数据交换技术

计算机网络主要进行的是数据通信。数据经编码后在通信线路上进行传输，通常需要经过中间节点，将数据从信源逐点传送到信宿，从而实现两个设备间的通信。这些中间节点不关心传输的数据的内容，而是提供一种交换功能，使数据从一个节点传到另一个节点，直至目的地。通常将作为信源或信宿的一批设备称为网络站，而将提供通信的设备称为节点。这些节点的集合便称为通信网络。如果这些节点连接的设备是计算机和终端的话，那么节点加上站点就构成了计算机网络。

数据传输交换网络按传送技术划分，分为电路交换网、报文交换网和分组交换网。

3.4.1　电路交换

电话交换网是使用电路交换（Circuit Switching）的典型例子。采用电路交换技术进行数据传输期间，在源和目的节点之间有一条利用中间节点构成的专用物理连接线路，直到数据传输结束，这条物理线路才被释放被其他通信所用。如果两个相邻节点之间的通信容量很大，这两个节点之间可以复用多条线路。用电路交换技术完成数据传输，需要经历电路建立、数据传输、电路拆除三个过程。

1. 电路建立

如同打电话需要先通过拨号在通话双方之间建立一条通路一样，在传输数据前，要先通过呼叫建立一条端到端的电路。当某两个站点（H1，H2）想建立连接时，呼叫方向与之相连的节点 A 提出请求，该节点在可能到达目的的路径上寻找可用的路径到达下一个节点 B，A 节点选择经过 B 节点的电路并且在此电路上分配一个未使用的通道 AB，告诉 B 还要连接到 C 节点。B 再呼叫 C，建立电路 BC，最后节点 C 完成到站点 H2 的连接。这样，H1 和 H2 之间就建立了一条专用的物理电路 ABC，可以进行数据传输，如图 3-26 所示。

2. 数据传输

当电路 ABC 建立以后，数据就可以从 A 发送到 B，在由 B 交换到 C。C 也可以经过 B 向 A 发送数据。这种传输方式有最短的传播延迟，并且没有阻塞的问题，服务质量是最高的，除非有意外的线路或节点故障导致电路中断。在整个数据传输过程中，所建立的电路必须始终保持连接状态。

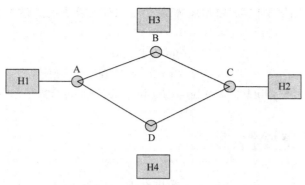

图 3-26　电路交换示意图

3. 电路拆除

当数据传输结束后，由某一方（A 或者 C）发出拆除请求，然后逐节点拆除，一直到对方节点。被拆除的信道空闲后，就可以被其他通信使用。

电路交换的优点是数据传输可靠、迅速、数据不会丢失并且保持原来的序列。缺点是在某些情况下，电路空闲的信道容量被浪费。另外，当数据传输的持续时间不长时，电路建立和拆除所用的时间就得不偿失。因此，它适用于要求质量高的大数据量传输的情况。

3.4.2　报文交换

在某些应用场合，节点之间交换的数据是随机和突发的。如果此时使用电路交换，就会暴露出电路交换的缺点。一种更加合理的传输方式是报文交换（Message Switching）。报文交换的数据传输单位是报文，报文就是节点一次要发送的数据块，其长度不限且可变。报文交换不需要在节点间建立专用的物理通道，交换方式采用"存储—转发（Store and Forward）"方式。当一个站点要发送一个报文时，它先将目的地址附加到报文上，网络节点根据报文上的目的地址信息把报文发送到下一个节点，一直逐个节点转送到目的节点。每个节点在收下整个报文并检查无误后，就暂存这个报文，然后利用路由信息找出下一个节点的地址，再把整个报文传送给下一个节点。因此端到端之间无须先通过呼叫建立连接。

在电路交换网络中，每个节点是一个电子的或者机电结合的交换设备，这种设备发送和接收数据的速率一样快。而报文交换的节点通常是由缓存能力的交换设备。一个报文在每个节点的延迟时间等于接收报文的时间（缓存时间）加上转发所需的排队延迟时间之和。

与电路交换相比，报文交换的优点如下所述。

- 线路利用率高，通信线路不是为某一对数据传输所专用，很多报文可以分时共享两个节点直接的通道。当通信量较大时，仍然可以接收并缓存报文等待空闲时间再发送，但是传输延时会增加。
- 交换系统可以把一个报文发送到多个目的地，而电路交换系统很难做到。
- 可以进行速度和码型的转换，实现不同类型终端之间的数据通信。

报文交换的缺点是不能满足实时或交互式通信数据业务，报文经过网络的延时长并且不

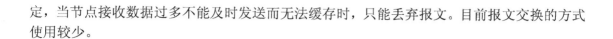

定，当节点接收数据过多不能及时发送而无法缓存时，只能丢弃报文。目前报文交换的方式使用较少。

3.4.3　分组交换

为了更好地利用信道容量，降低节点中数据量的突发性，可以将报文交换改进为分组交换（Packet Switching），即将一个报文分成若干个组，每个分组的长度有一个上限，典型长度是数千个 bit 位。有限长度的分组使每个节点所需要的存储能力降低，提高了交换速度。分组交换适用于交互式通信。分组交换的具体过程又可以分为虚电路分组交换和数据报分组交换两种。

1. 虚电路方式

在虚电路（Virtual Circuit）方式中，为进行数据传输，网络的源节点和目的节点首先要建立一条逻辑通路。在图 3-26 中，假设 H1 有一个或多个报文要发送到 H2，那么它首先要发送一个呼叫请求分组报文到节点 A，请求建立一条到 H2 的连接。A 节点决定 A 节点到 B 节点的路径，B 节点决定 B 节点到 C 节点的路径，C 节点最终把请求分组传送到 H2。H2 如果接受连接，就发送一个呼叫接受分组到 C 节点，再通过 B 节点和 A 节点返回到 H1 站点。这样，H1 和 H2 就可以在已经建立的逻辑连接上——虚电路上进行数据交换了。每个分组除了包含数据之外，还得包含一个虚电路标示。预先建立的逻辑通路上的所有节点知道把该标示的分组报文发送到那里去，不需要在进行路由选择。

无论何时，一个站点和任何一个或多个站点都能建立多个虚电路，之所以是"虚"的，是因为这条电路不是专用的，可能有其他虚电路并存在物理电路上。虚电路的传送仍然需要缓存，并且在线路上进行排队发送。

2. 数据报方式

在数据报方式中，每个分组的传送是被单独处理的，每个分组被称为数据报。每个数据报自身都带有足够的地址信息，一个节点接收到一个数据报后，根据数据报中的地址信息和节点中存储的路由信息，找出一个合适的出路，把数据报发送到下一个节点。当某一个站点要发送一个报文时，先把报文拆分成若干个带有序列号和地址信息的数据报，依次发送到网络节点上，此后，各个数据报所走的路劲可能不再相同，因为各个节点随时会根据网络流量、故障等情况选择新的路由，因此不能保证各个数据报按顺序到达目的地，甚至丢失部分数据报。在整个过程中，没有虚电路建立，但要为每个数据报做路由选择。

虚电路分组交换适用于两端间的长时间数据交换，尤其在交互式会话中，免去每个分组都要增加的地址信息的开销，提供了更可靠的通信能力，保证每个分组正确到达，且维持发送时的报文顺序。弱点是一旦某个节点或某条链路出现故障彻底失效，则所有经过故障点的虚电路全部被破坏。数据报分组交换省去了呼叫建立阶段，在传输少量分组时比虚电路更简便灵活，不同分组可以绕开故障区而到达目的地，因此故障的影响面要比虚电路小的多。但是数据报不能保证分组的按序到达，数据的丢失也不会立即知晓。目前，以太网交换机最常使用的都是数据报交换方式。

3.5 复习题

1. 选择题

① 在 OSI 参考模型中，物理层传输的信息单位为（　　）。

A. 比特（bit）　　　　　　B. 字节（Byte）　　　　C. 帧（frame）　　　　D. 报文（packet）

② 在 OSI 参考模型中，涉及硬件中执行的层次是（　　）。

A. 第三层和第四层　　　　　　　　　　B. 第六层和第七层

C. 第一层和第二层　　　　　　　　　　D. 网络层和传输层

③ 下列属于 DCE 设备的是（　　）。

A. 路由器　　　　　　　B. 计算机　　　　　　C. 服务器　　　　D. 手机

④ 下列属于 DTE 设备的是（　　）。

A. CSU/DSU　　　　　B. 以太网交换机　　　C. 程控电话交换机　D. 数字电话机

⑤ IEEE 802 标准对应了 OSI 参考模型的哪几层（　　）。

A. 网络层和传输层　　　　　　　　　　B. 物理层和数据链路层

C. 第二层和第三层　　　　　　　　　　D. 仅是第一层

⑥ UTP 电缆一般的最大传输距离是（　　）。

A. 10 m　　　　　　　B. 100 m　　　　　　C. 10 km　　　　D. 100 km

⑦ 一般，多模光纤的最大传输速率是（　　）。

A. 1 Mbps　　　　　　B. 10 Mbps　　　　　C. 100 Mbps　　　D. 1 Gbps

⑧ 五类双绞线的传输速率是（　　）。

A. 1 Mbps　　　　　　B. 10～100 Mbps　　　C. 100 Mbps　　　D. 1～10 Gbps

⑨ 家用有线电视使用的信号传输电缆是（　　）。

A. 75 Ω阻抗的同轴电缆　　　　　　　　B. 50 Ω阻抗的同轴电缆

C. UTP 双绞线　　　　　　　　　　　　D. STP 双绞线

⑩ 直通双绞线电缆是指（　　）。

A. 一端使用 568A 线序，一端使用 568B 线序

B. 两端都使用 568A 线序

C. 两端都使用 568B 线序

D. 两端都遵循相同的标准，都为 568A 或都为 568B

2. 填空题

① 目前，速率最高的 IEEE WLAN 标准是_____。

② 以太网交换机使用的数据交换技术是_____。

③ 物理介质可以分为_____和_____两大类。

④ 双绞线可以分为三种：直通线、交叉线、全反线缆，在进行不同设备连接的时候使用的线缆也不相同，计算机与计算机连接使用_____，交换机与计算机连接使用

_____，计算机和路由器控制台连接使用_____。

⑤ 传输介质光线按照对光波的传输特性不同可以分为_____和_____。

3. 解答题

① 简述 568A 和 568B 标准的线序。

② 简述常见的 3 种数据交换方式。

③ 设信号的采样量化级为 256，若要使数据传输速率达到 64 kbps，试计算出所需的无噪声信道的带宽。

3.6 实践技能训练

实验一　UTP 双绞线制作

1. 实验简介

本练习的任务是制作 1 根直通双绞线和 1 根交叉双绞线。

2. 学习目标

● 掌握直通线和交叉线的线序；
● 掌握制作网线的实际动手能力；
● 掌握测试和验证做成的网线的连通性；
● 掌握测线仪的使用技能。

3. 实验任务与要求

① 准备工具：准备好制作网线的工具并辨识其功能。

② 选线：量取 2 根 1 m 左右的网线并用工具剪断。

③ 剥线：利用双绞线剥线／压线钳（或用专用剥线钳、剥线器及其他代用工具）将双绞线的外皮剥去 2～3 cm。

④ 排线：根据直通线的线序进行排序。

⑤ 剪线：在剪线过程中，需左手紧握已排好了的芯线，然后用剪齐芯线，预留合理的长度。

⑥ 插线并压制水晶头。

⑦ 做直通线的另一线头。

⑧ 测试做成的直通线，如测试失败，请分析原因。

⑨ 按相同的步骤、不同线序，制作一根交叉线并测试。

⑩ 把全部实验步骤及制作结果、分析写成实验报告。

4. 实验拓展

① 查看直通线和交叉线在测试仪中闪灯信号的差别。
② 了解常见水晶头的品牌。

实验二　使用不同类型的介质连接设备

1. 实验简介

在实验环境中使用实际设备和实际介质布线时，必须选择正确的介质类型，通过正确的端口连接设备。在许多情况下，不同的电缆使用相同的连接器类型，很容易出现错误类型的电缆连接到错误端口的情况，可能损坏设备。在 Packet Tracer 中，您可能会选择不同类型的介质来连接设备，由于连接器相同，您可能会将其插入错误的端口。本练习使用常见的物理层介质进行网络设备和终端的互连。我们将检查设备连接的介质类型，然后验证连通性，连通后的网络拓扑如图 3-27 所示。

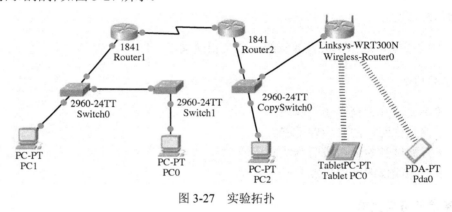

图 3-27　实验拓扑

2. 学习目标

● 认识常见的网络设备；
● 认识模拟器中常见物理介质；
● 掌握用物理介质连接网络设备和终端的技能并验证连通性

3. 实验任务与要求

① 打开模拟器，在设备分类区辨认 Routers、Switches 及 Wireless Devices，选择拓扑中的网络设备至工作区。
② 辨识并选择 End Devices 中拓扑指定的设备到工作区。
③ 选择确定的连接缆线，按拓扑连接所有的设备（注意：请不要使用自动选择连接功能）。

④ 路由器和交换机，但并非所有接口都在使用中。查看所有网络设备，记录端口状态为打开的端口号。

⑤ 把连接后的拓扑及每 2 台设备间的物理介质的种类列出在实验报告上。

4. 实验拓展

① 除了拓扑中的无线接入设备，你还知道还有哪些设备使用了无线介质接入。

② 两个地点之间的专用租用线路包含连接到 CSU/DSU 或调制解调器等 DCE（数据通信设备）的 DTE（数据终端设备），例如，路由器。DCE 连接到服务提供商的本地回路，DCE 为同步串行通信提供时钟信号。在实验环境或 Packet Tracer 中，使用串行交叉电缆来模拟这种连接。一台路由器配置为在其串行接口提供时钟信号，而电缆的 DCE 端连接到该接口。请检查试验中具体哪台路由器的接口承担 DCE 角色。

第 4 章

数据链路层

【本章知识目标】

● 了解数据链路层的定义和概念，理解数据链路层提供的功能

● 了解常见的数据链路层标准及在网络中的应用

● 掌握常见数据链路层的帧结构

【本章技能目标】

● 掌握常见数据链路层协议应用的场景，会用网络仿真软件搭建数据链路层协议的应用场景

● 掌握查看实际网络中数据链路层帧组成的技能，对照帧结构掌握帧的主要字段的作用

4.1　数据链路层功能

数据链路层是 OSI 参考模型中的第二层,介于物理层和网络层之间,它使用物理层提供的服务,并向网络层提供服务。数据链路层的作用是将物理层传输的有可能出错的原始比特流连接改造成逻辑上无差错的数据链路。数据链路层的基本功能是向网络层提供透明、可靠的数据传输服务。透明是指该层上传输的数据的内容、编码、格式没有限制;可靠是指用户免去对丢失信息、干扰信息、顺序不正确的担心。

数据链路层具备一系列功能,主要是:

- 将数据组合成数据块,称为帧(Frame),帧是数据链层的传送单位。
- 控制帧在物理信道上的传输,包括传输差错处理、调节发送速率以使之与接收方匹配。
- 在两个网络实体间提供数据通路的建立、维持和释放管理。

4.1.1　帧同步功能

为了使传输中发生差错后只将出错的有限数据进行重发,数据链路层将比特流组织成帧以帧为单位传送。帧的组织结构必须设计成使接收方对从物理层收到的比特流中进行帧识别,也能从比特流中区分出帧的起始与终止,这就是帧同步要解决的问题。由于网络传输很难保证双方计时的正确和一致,所以不能依靠时间间隔关系来确定帧的起始与终止。常用的帧同步方法如下所述。

1. 使用字符填充的首尾定界符法

该方法用一些特定的字符来定界一个帧的起始与终止。为了不使数据信息位中出现的特定字符被误判为帧的首尾定界符,可以在这种数据字符前填充一个转义控制字符(DLE)以示区别。但是这种方法使用起来比较麻烦,所用的特定字符依赖于所采用的字符编码,兼容性较差。

2. 使用比特填充的首尾标志法

该方法以一组特定的比特模式(如 01111110)来标志一帧的起始与终止,如 HDLC 协议即采用此方法。为了不使信息位中出现与该比特模式形似的比特串被误判为帧的首尾标志,可以采用比特填充的方法。比如,采用特定模式 01111110,则如果信息中连续出现 5 个“1”,发送方自动在其后插入一个“0”,而接收方则做该过程的逆操作,即每接收到连续 5 个“1”,则自动删除其跟在后面的“0”,以恢复原始数据。比特填充容易由硬件来实现,性能优于字符填充法。比特填充法的示意图如图 4-1 所示。

3. 违法编码法

该方法在物理层采用特定比特编码方法时采用。例如,曼彻斯特编码方法,是将数据比特"1"编码成"高—低"电平，将数据"0"编码成"低—高"电平。而"高—高"电平和"低—低"电平在数据比特中是违法的。可以借用这些违法编码序列来界定帧的起始与终止。IEEE 802 标准就使用这种定界方法。这种编码不需要借助任何填充技术，但它只适用于采用冗余编码的特殊编码环境。

| 字段 | 01111110 | 字段A | 字段B | 字段… | 数据 | 帧校验序列 | 01111110 |

大小

帧起始　　　　　　　　　　　　　　　　　　　　　　　　帧结束

图 4-1　比特填充法界定帧起始示意图

4. 字节计数法

该方法以一个特殊字符表征一帧的起始，并以一个专门字段来标明帧内的字节数。接收方可通过对该特殊字符的识别从比特流中区分出帧的起始，并从该专门字段中读出该帧中的数据字节数，从而确定帧的终止位置。面向字节技术的同步协议的典型实例是数字通信报文协议（Digital Data Communication Message Protocol，DDCMP）。

由于字节计数法中计数字段的脆弱性（其值一但出现错误将导致连续帧的传输错误）以及实现上的复杂性和不兼容性，目前，数据链路层采用的帧同步方法是比特填充法和违法编码法。

4.1.2　差错控制

通信系统必须具备发现（即检测）差错的能力，并采取措施纠正，使差错控制在尽可能小的范围内，这就是差错控制过程，也是数据链路层的主要功能之一。

接收方通过对差错编码（如奇偶校验码或 CRC 码）的检查，可以判定一个帧在传输过程中是否发生了差错。一旦发现差错，一般可以采用反馈重发的方法来纠正。这要求接收方收完一个帧之后，向发送方反馈一个接收是否正确的信息，使发送方做出是否需要重新发送的决定。发送方必须在收到接收正确的反馈信息后才能认为该帧已经正确发送完毕，否则需要重发直至正确为止。

物理信道的突发噪声可能完全干扰一帧，使整个数据帧或反馈信息帧丢失，这将导致发送方永远接收不到反馈信息，从而使传输过程停滞。为了避免出现这种情况，通常引入计数器（Timer）来限定接收方发回反馈信息的时间间隔。发送方发送一帧数据时同时也启动计时器，若在限定的时间间隔内未能接收到反馈信息，即认为计时器超时，则可认定传输的帧已出错或丢失，就需要重新发送。

由于同一帧可能被重复发送多次，可能导致接收方多次将同一帧递交给网络层。为了防止这种危险，可以采用对发送帧进行编号的方法，即每一个帧一个序号，从而使接收方区分是新的帧还是已经接收又重新发过来的帧，以此确定是否将帧递交给网络层。数据链路层使用计时器和序号来保证每个帧最终都能被正确地发送给网络层一次。

4.1.3　流量控制

流量控制不是数据链路层特有的功能，许多高层协议中也提供流量控制功能，只不过控制的对象不同。对于数据链路层来说，控制的是相邻两个节点之间数据链路上的流量，对于传输层来说，控制的是从源到最终目的之间的端到端的流量。

由于收发双方各自使用设备的工作速率和缓冲存储空间的差异，可能出现发送能力大于接收能力的情况。如果此时不对发送方的发送速率做适当的限制，前面来不及接收的帧将被后面不断发送来的帧"淹没"或"覆盖"，从而造成帧的丢失。由此可见，流量控制实际上是对发送方数据流量的控制，使其发送速率不至于超过接收方所能承受的能力。这个过程需要某种反馈机制，使发送方知道接收方的能力。需要一些规则，使得发送方知道什么情况下才可以接着发送下一帧，什么情况下必须暂停，以等待接收方的某种反馈信息后继续发送。

两种最常用的流量控制方法是：停止等待方案和滑动窗口机制。

1. 停止等待方案

增加缓冲存储空间在某种程度上可以缓解收发双方在传输速率上的差异，但这终究是一种有限的方法。一方面，系统不允许开设过大的缓存空间，成本也较高。另一方面，在速率显著失配且又传送大量数据的场合，仍会出现缓存不够的情况。停止等待流量控制方案是一种相比之下更主动积极的方法。其工作原理是：发送方发出一帧，等待应答信号到达后再发送下一帧；接收方每收到一帧后回送一个应答信号，表示愿意接收下一帧；如果接收方不回送应答，则发送方必须一直等待。

2. 滑动窗口机制

为了提高信道的利用率，发送方可以不等待确认信息返回就连续发送若干帧。由于连续发送的多个帧未被确认，需要采用帧号区分这些帧。这些尚未被确认的帧都可能出错或丢失而要求重发，要求发送方有较大的缓存保留未被确认可能要重发的帧。

但是缓存总是有限的，如果接收方不能以发送方的速率接收处理帧，则发送方还是可能用完缓存而暂时过载的。为此，在收到一个确定帧之前，对发送方可发送的帧的数目加以限制。这是由发送方保留在重发缓存中待确认的帧的数目来实现的。如果接收方来不及对收到的帧进行处理，则接收方就停发确认信息，此时发送方的重发表就会增长，当达到缓存的上限时，发送方就不再发送新的帧，直至再次收到确认信息位置。

此方案中，设置的待确认帧的数目的最大限度称为链路的发送窗口。显然，如果窗口设为 1，则发送方仅能缓存一个帧，此时传输效率很低。故窗口应选择是接收双方尽量能处理所有的帧。还要考虑诸如帧的最大长度、可使用的缓存空间以及传输速率等因素。

重发表是一个连续序号的列表，对应发送方已经发送但尚未收到确认的那些帧。这些帧的序号有一个最大值，即为发送窗口的限度。所谓发送窗口就是指发送方已发送但尚未确认的帧序号列表的界，其上、下界分别称为发送窗口的上、下沿，上、下沿的间距称为窗口尺寸。接收方也有类似的接收窗口，它指示允许接收的帧的序号。

发送方每次发送一帧后，等待确认的帧的数目便增 1，每收到一个确认信息后，待确认帧的数目便减一。"窗口"随着数据传送过程的发展而向前滑动，因此称为滑动窗口流量控制。当重发表的长度计数值（即待确认帧的数目）等于发送窗口尺寸时，便停止发送新的帧。滑动窗口机制的示意图如图 4-2 所示。

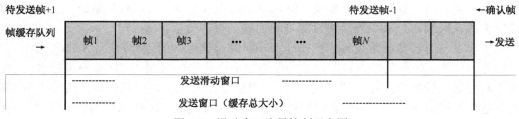

图 4-2　滑动窗口流量控制示意图

4.2　MAC 编址与数据帧封装

数据链路层实际上可以拆分为以下两个子层。

- 逻辑链路控制层（LLC）：这个较高的子层定义了向网络协议提供服务的软件进程。它在帧中添加信息，指出帧使用的网络层协议，这种信息让不同的第三层协议（如 IPv4 和 IPv6）能够使用相同的网络接口和介质。
- 介质访问控制层（MAC）：这个较低的子层定义了硬件执行的介质访问流程。它根据介质的物理信号要求和使用的数据链路层协议类型，提供数据链路层编址和数据分隔。

图 4-3 说明了数据链路层是如何分为 LLC 和 MAC 子层的。LLC 子层与网络进行层通信，MAC 子层支持多种介质访问技术，例如，MAC 子层与以太网技术通信，以便通过铜缆或光纤收发帧，MAC 子层还与无线技术（如 WLAN 和蓝牙）通信，以便以无线方式收发帧。

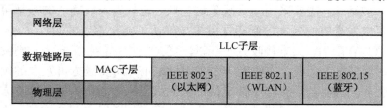

图 4-3　数据链路子层

4.2.1　数据链路层协议数据单元

数据链路层的数据单元是帧。虽然有不同的描述数据链路层帧的协议，但每种帧都有以下三个基本组成部分。

- 帧头：包含控制信息（如地址信息），位于数据帧的开头位置。
- 数据：包含第三层报头、传输层报头、应用层数据等数据信息。
- 帧尾：包含添加到帧结尾的控制信息，用于检查错误。

由于协议的不同，帧结构及帧头和帧尾中包含的字段会存在差异。数据链路层协议描述了通过不同介质传输数据包所需的功能。协议的此类功能已经集成到帧封装中。当帧到达目的地后，数据链路层协议从介质上取走帧后，就会读取成帧信息并将其丢弃。为适应不同的传输环境，数据链路层协议使用不同的帧。

没有一种帧能够满足通过所有类型介质的全部数据传输需求，根据环境的不同，帧中所需要的控制信息量也相应变化，以匹配介质和逻辑拓扑的介质访问控制需求。

4.2.2 数据帧的格式

数据链路层协议需要控制信息才能使协议正常工作，通常需要解决以下几个问题。

- 哪些节点正在进行通信？
- 节点间通信何时开始？何时结束？
- 节点通信期间发生了哪些错误？
- 接下来哪些节点会参与通信？

数据在介质上传输时，将被转换成比特流（即 1 或 0）。根据 4.1 节所述的帧同步方法，接收节点确定帧的起始位置，并要确定表示地址的信息。帧封装技术把比特流分为可读取的分组，并将控制信息作为不同字段值插入帧头和帧尾。这种格式让物理信号具备能被节点接收并且在目的地解码成数据包的结构，如图 4-4 所示，通用帧格式包括以下几个字段。

- 帧的开始和结束标志：MAC 子层用它们来标示帧的开始和结束位置。
- 地址：MAC 子层用来表示源节点和目的节点。
- 类型：LLC 子层用来表示第三层协议类型。
- 控制：标示特殊的流量控制服务。
- 数据：包含帧的负载（即数据，含数据报头、数据段报头和应用层数据）。
- 错误检查：包含数据后面的帧尾，这些字段用于检测传输错误。

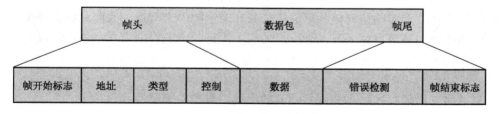

图 4-4　通用的数据帧格式

4.2.3 帧头与帧尾

1. 帧头

帧头包含了数据链路层协议针对特定逻辑拓扑和介质指定的控制信息。帧控制信息对于每种协议均是唯一的。第二层协议使用它来提供通信环境所需的功能。典型帧头字段包括：

- 帧的开始字段——表示帧的起始位置。
- 源地址和目的地址——表示介质上的源节点和目的节点。

- 优先级 / 服务质量字段——表示要处理的特殊通信服务类型。
- 类型字段——表示帧中包含的上层服务。
- 逻辑连接控制字段——用于在节点间建立逻辑连接。
- 物理链路控制字段——用于建立介质链路。
- 流量控制字段：用于开始和停止通过介质的流量。
- 拥塞控制字段——表示介质中的拥塞状态。

以上字段名称是作为示例列出的非特定字段，不同数据链路层协议可能使用其中的不同字段。由于数据链路层协议的目的和功能与特定的拓扑和介质有关，因此，必须研究每种协议才能详细理解其帧的结构。

2. 编址

数据链路层提供了通过共享本地介质传输数据时要用到的编址方法。这一层的设备地址称为物理地址（注意不是物理层地址）。数据链路层地址包含在帧头中，它指定了帧在本地网络中的目的节点。帧头还可能包含帧的源地址。

与第三层逻辑地址不同，物理地址不会表示设备位于哪个网络。若将设备移至另一网络或子网，该设备仍使用同一个物理地址。

由于帧仅用于在本地介质的节点间传输数据，因此数据链路层的地址仅用于本地传送。该层地址在本地网络之外没有任何意义。与第三层地址进行比较，数据包头中的第三层地址在路由过程中，无论经过多少跳，都会从源主机传送到目的主机。

如果帧的数据包必须传送到另一个网络，中间设备（路由器）将解封原始帧，为数据包创建一个新帧并将它发送到新网络中。新的帧必须使用恰当的源地址和目的地址，才能通过新介质传输数据包。

数据链路层中的编址需求取决于逻辑拓扑。仅具有两个互连节点的点对点拓扑不需要编址。对于这种拓扑，帧一旦传送到了介质上，就只有一个去处。

由于环形拓扑和多路访问拓扑可连接公共介质上的多个节点，因而此类拓扑需要编址。在帧到达拓扑中的各节点时，节点会检查帧头中的目的地址以确定自身是否为帧的目的地。

3. 帧尾

数据链路层协议将帧尾添加到各帧的结尾处。典型的帧尾字段包括：

- 帧校验序列——用于检查帧内容有无错误。
- 停止字段——用于指明帧的结束，也用于向固定大小或小尺寸的帧添加内容。

帧尾的作用是确定帧是否无错到达，此过程称为错误检测。通过将组成帧的各个位的逻辑或数学摘要放入帧尾中来实现错误检测。

帧校验序列（FCS）字段用于确定帧的传输和接收过程有无发生错误。之所以在数据链路层添加错误检测，是因为数据是通过该层的介质传输的。对于数据而言，介质是个存在潜在不安全因素的环境。介质上的信号可能遭受干扰、失真或丢失，从而改变这些信号所代表的各个位的值。通过使用 FCS 字段提供的错误检测机制，可找出介质上发生的大部分错误。

为确保在目的地接收的帧的内容与离开源节点的帧的内容相匹配，传输节点将针对帧内容创建一个逻辑摘要，称为循环冗余校验（CRC）值，此值将放入帧的校验序列（FCS）字段中以代表帧内容。

　　如果初始节点产生的 CRC 与接收数据的远端设备计算的校验值不匹配，即表明帧发生了错误。当帧到达目的节点后，接收节点会计算自身的逻辑摘要值（即 CRC 值），然后接收节点将比较这两个 CRC 值。如果两个值相同，则认为帧已按发送的原样到达。如果 FCS 字段中的 CRC 值与接收节点计算出的 CRC 值不同，帧会被丢弃，图 4-5 说明了 CRC 用于进行错误检测的原理。

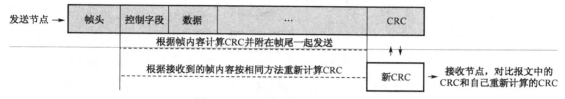

图 4-5　CRC 错误检测原理示意图

　　通过比较 CRC，帧的改变会被检查出来，CRC 错误通常是由通信噪声或数据链路中的其他错误造成的。在以太网中，错误可能是由于冲突或传输了不该传输的数据。当然，也可能出现 CRC 比较结果正确，但实际帧已经损坏的情况，不过这种情况发生的概率很小。在计算 CRC 时，各个位中的错误有可能会相互抵消，这时应要求更上层的协议检测和纠正该数据错误。数据错误的纠正是指从传输的原始比特中恢复被损坏的数据，更复杂，也需要更多开销。数据链路层中使用的协议确定是否执行错误纠正，FCS 的作用仅是检测错误，并非每个数据链路层协议都支持错误纠正。

4.2.4　数据帧实例

　　在 TCP/IP 网络中，所有 OSI 第二层协议与 OSI 的第三层网际协议配合使用。然而，实际使用的第二层协议取决于网络的逻辑拓扑以及物理层的实施方式。如果网络拓扑中使用的物理介质非常多，则正在使用的第二层协议数量也相对较多。第二层协议包括：

- 以太网（Ethernet）协议；
- 点对点协议（PPP）；
- 高级数据链路控制协议（HDLC）；
- 帧中继（Frame Relay）协议；
- ATM（Asynchronous Transfer Mode，异步传输模式）。

图 4-6 演示了一个用不同的数据链路帧将数据包传输通过 Internet 的例子。

常见的局域网帧是以太网帧和 WLAN 帧。

1．IEEE 802.3 以太网帧

　　以太网是 IEEE 802.2 和 IEEE 802.3 标准中定义的一系列互联网技术。以太网标准定义了第二层协议和第一层技术。以太网是广泛使用的局域网技术，支持 10 Mbps、100 Mbps、1 000 Mbps 和 10 000 Mbps 的数据带宽。

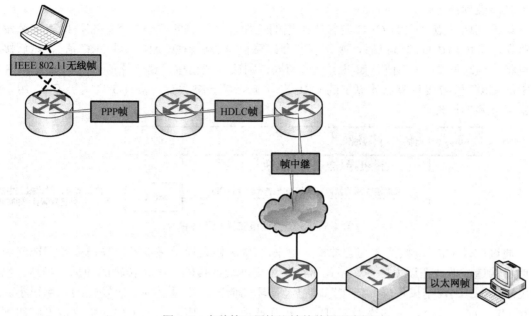

图 4-6　多种第二层协议帧的使用示意图

OSI 第一层和第二层的基本帧格式和 IEEE 子层在所有以太网形式中是一样的，但用于检测数据和将数据放置到介质上的方法在不同实施中有所不同。

以太网使用 CSMA/CD 介质访问机制，通过共享介质提供没有确认的无连接服务。共享介质要求以太网数据包头使用数据链路层地址来确定源节点和目的节点。与大部分 LAN 协议一样，该地址称为节点的 MAC 地址（也称物理地址）。以太网 MAC 地址为 48 位且通常以十六进制格式表示。

如图 4-7 所示，以太网帧据有多个字段，具体如下所述。

● 前导码：用于定时同步，也包含标记定时信息结束的定界符。
● 目的地址：48 位目的节点 MAC 地址。
● 源地址：48 为源节点 MAC 地址。
● 类型：指明以太网过程完成后用于接收数据的上层协议类型。
● 数据或填充：在介质上传输的数据单元（PDU），通常为 IPV4 数据包。
● 帧校验序列（FCS）：用于检查损坏帧的 CRC 值。

字段名称	前导码	目的地址	源地址	类型	数据	帧校验序列
大小	8字节	6字节	6字节	2字节	46～1 500字节	4字节

图 4-7　以太网帧结构

目前，大部分局域网使用的是以太网技术，可以用网络仿真软件查看 IPv4 报文在以太网链路中被承载的具体情况，我们搭建了如图 4-8 所示拓扑。

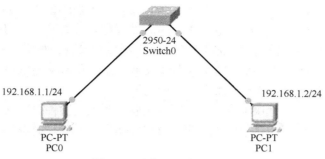

图 4-8   以太网通信示意图

模拟器切换到 Simulation 模式，从 PC0 发送一个数据报文到 PC1，则可以看到具体的以太网帧的结构，如图 4-9 所示。

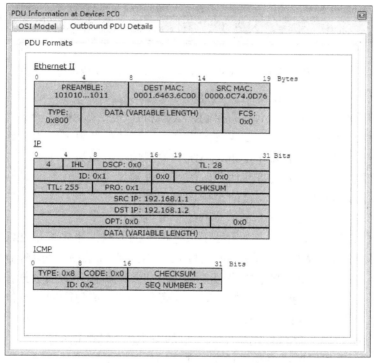

图 4-9   一个完整的以太网帧示例（承载 IPv4 报文）

以太网是数据网络中非常重要的一个组成部分，我们在后续章节中将继续深入讲解。

2. IEEE 802.11 WLAN 帧

IEEE 802.11 无线局域标准是 IEEE 802 标准的扩展，它使用与其他 IEEE 802 LAN 相同的 IEEE 802.2 LLC 子层和 48 位编址方案。但是，MAC 子层和物理层存在许多差异。在无线环境中，需要考虑一些特殊的因素。由于没有确定的物理连通性，因此外部因素可能干扰数据传输且难以进行访问控制。为了解决这些问题，无线标准定义了额外的控制功能。

IEEE 802.11 标准通常称为 Wi-Fi，是一种争用系统，使用的是 CSMA/CD 介质访问流

65

程。CSMA/CD 为等待传输的所有节点指定了一个随机回退的过程。最可能发生介质争用的时间是在介质变为可用后。随机回退一段时间的机制可以大大降低访问冲突。

IEEE 802.11 网络还使用数据链路来确认帧已经成功接收。如果发送节点没有检测到确认帧，原因可能是接收方没有收到原始数据帧或确认原始数据帧不完整，就会重传。这样明确的确认就可以克服干扰或其他无线电相关的问题。

IEEE 802.11 支持的其他服务有身份验证、关联（到无线设备的连通性）和隐私（加密）。图 4-10 所示为 IEEE 802.11 帧包含的字段，图中列出了 2 字节的帧控制字段的详细组成，如下所述。

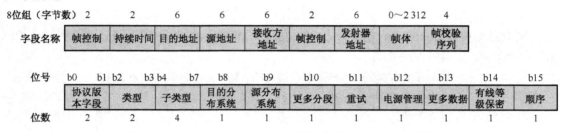

图 4-10　IEEE 802.11 WLAN 帧结构及帧控制字段详细结构

- 协议版本字段：正在使用的 IEEE 802.11 版本。
- 类型和子类型字段：标示帧的控制、数据和管理三个功能之一。
- 目的分布系统字段：对于发送目的为分布式系统的数据帧，设置为 1。
- 源分布式系统：对于离开分布式系统的数据帧没，设置为 1。
- 更多分段字段：对于具有其他分段的帧，设置为 1。
- 重试字段：如果帧为之前帧的重传，设置为 1。
- 电源管理字段：设置为 1 表示节点处于节电模式。
- 更多数据字段：设置为 1 表示处于节电模式的节点，更多帧正在缓冲等待该节点。
- 有线等级保密（WEP）字段：帧包含用于确定安全性的 WEP 加密信息，则设置为 1。
- 顺序字段：对于使用严格顺序服务类（不需要重新排序）的数据帧，设置为 1。
- 持续时间字段：根据帧类型的不同，代表传输帧所需要时间（单位为微妙）或传输帧的站点的关联身份（AID）
- 目的地址（DA）字段：网络中最终目的节点的 MAC 地址。
- 源地址（SA）字段：发送帧的节点的 MAC 地址。
- 接收方地址（RA）字段：用于标识作为帧的及时收件人的无线设备的 MAC 地址。
- 发射器地址（TA）字段：用于标识传输帧的无线设备的 MAC 地址。
- 帧体字段：包含传输的信息，对于数据帧，通常为 IP 数据包。
- 帧校验序列（FCS）字段：包含帧的 32 位冗余校验（CRC）。

通过网络仿真器，我们可以搭建一个简单的只有一个接入节点的 WLAN 网络，如图 4-11 所示，然后查看到一个真实的 WLAN 的帧承载的 IPv4 报文。

基本配置信息都设置好之后，把模拟器切换到 Simulation 模式，从 Laptop0 发送一个简单 PDU 到 Laptop1，查看数据包如图 4-12 所示。

图 4-11　无线局域网通信示意图

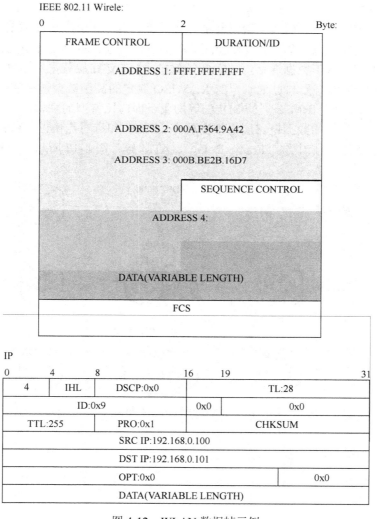

图 4-12　WLAN 数据帧示例

4.3 高级数据链路控制协议

为了适应数据通信的需要，ISO、ITU-T 以及一些国家和大的计算机制造公司，先后制定了不同类型的数据链路控制规程，根据帧控制的格式，可以分为面向字符型和面向比特型。

在字符型规程中，用字符编码集中的几个特定字符来控制链路的操作，监视链路的工作状态，例如，采用国际 5 号码中的 SOH、STX 作为帧的开始，ETX、ETB 作为帧的结束。面向字符型规程有一个很大的缺点，就是它与所用的字符集有密切的关系，使用不同字符集的两个站之间，很难使用该规程进行通信。面向字符型规程主要适用于中低速异步或同步传输，很适合于通过电话网的数据通信。

在面向比特型规程中，采用特定的二进制序列 01111110 作为帧的开始和结束，以一定的比特组合所表示的命令和响应实现链路的监控功能，命令和响应可以和信息一起传送。所以它可以实现不受编码限制的、高可靠和高效率的透明传输。面向比特型规程主要适用于中高速同步半双工和全双工数据通信，如分组交换方式中的链路层就采用这种规程。随着通信的发展，它的应用日益广泛。ITU-T 制定的 X.25，ISO 制定的高级数据链路控制协议（HDLC）、美国国家标准 ADCCP、IBM 公司的 SDLC 等均属于面向比特型的规程。

目前，用于广域网的数据链路层协议主要有 HDLC 和点对点协议（PPP），广域网的二层封装技术还包 X.25、帧中继（Frame Relay）、ATM 等，图 4-13 所示为常见的广域网第二层封装类型和应用场景。

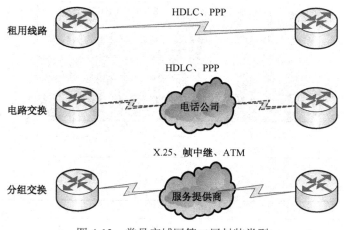

图 4-13　常见广域网第二层封装类型

4.3.1　HDLC 基本概念

1. HDLC 的优点

作为面向比特的数据链路层协议的典型，HDLC 具有以下优点。

① 透明传输：HDLC 不依赖于任何一种字符编码集，数据报文可以实现透明传输。"透

明传输"表示经实际电路传送后的数据信息没有发生变化。因此对所传送数据信息来说，由于这个电路并没有对其产生什么影响，可以说数据信息"看不见"这个电路，或者说这个电路对该数据信息来说是透明的。因此，任意组合的数据信息都可以在这个电路上传送。

② 可靠性高：所有帧均采用 CRC 校验，对信息帧进行顺序编号，可防止漏收获重发。

③ 传输效率高：在 HDLC 中，额外的开销比特少，允许高效的差错控制和流量控制。

④ 适应性强：HDLC 规程能适应各种比特类型的工作站和链路。

⑤ 结构灵活：在 HDLC 中，传输控制功能和处理功能分离，层次清楚，应用非常灵活。

HDLC 是通用的数据链路层控制协议，在开始建立数据链路时，允许选用特定的操作方式。所谓操作方式，是指某站点以主站方式操作还是以从站方式操作，或者两个方式兼备。

链路上用于控制目的地的站称为主站，其他的受主站控制的站点称为从站。主站负责对数据流进行组织，并且对链路上的差错实施恢复。由主站发往从站的帧称为命令帧，而由从站返回主站的帧称为响应帧。连有多个站点的链路通常使用轮询技术，轮询其他站的站点称为主站。而在点对点的链路中，每个站都可以为主站。主站需要比从站具备更多的逻辑功能，所以当终端和主机相连时，主机一般总是主站。有些站可兼备主站和从站的功能，这种站称为组合站，在这种情况下，在链路上，主、从站具有同样的传输控制功能，这又被称为平衡操作。相对地，有主从之分，各自功能不同的操作，称为非平衡操作。

2．HDLC 的常用操作方式

HDLC 中常用的操作方式有以下三种。

（1）正常响应方式 NRM（Normal Responses Mode）

这是一种非平衡数据链路操作方式，有时也称非平衡正常响应方式。该操作方式适用于面向终端的点到点或一点到多点的链路。在这种操作方式下，传输过程由主站启动，从站只有收到主站的命令帧后，才能作为响应，向主站传输信息。响应信息可以由一个或多个帧组成，若信息有多个帧，则应指出哪一个是最后一个帧。主站负责管理整个链路，且具有轮询、选择从站及向从站发送命令的权力，同时也负责对超时、重发及各类恢复操作进行控制。

（2）异步响应方式 ARM（Asynchronous Responses Mode）

这也是一种非平衡数据链路操作方式，与 NRM 不同的是，ARM 下的传输过程由从站启动。从站主动发给主站一个或一组帧，可包含数据信息或仅以控制为目的的帧。在这种操作方式下，由从站来控制超时和重发。该方式对于采用轮询方式的多站链路来说是必不可少的。

（3）异步平衡方式 ABM（Asynchronous Balanced Mode）

这是一种允许任何阶段来启动传输的操作方式。为了提高链路的传输效率，节点之间在两个方向上都需要有较高的信息传输量。在这种方式下，任何站点任何时候都能启动传输，每个站点即是主站又是从站，即每个站点都是组合站。各站都有相同的一组协议，任何站点都可以发送或接受命令，也可以给出应答，并且对差错恢复过程都有相同的责任。

4.3.2 HDLC 帧格式

在 HDLC 中，数据和控制报文均以帧的标准格式传送。完整的 HDLC 的帧由标志字段（F）、地址字段（A）、控制字段（C）、信息字段（I）、帧校验字段（FCS）等组成，其格式如图 4-14 所示。

字段名称	标志F	地址A	控制C	信息I	帧校验序列FCS	标志F
大小	1字节 01111110	1字节	1字节	*N*字节	2或4字节	1字节 01111110

图 4-14　HDLC 帧格式

（1）标志字段（F）

标志字段为 01111110 的比特模式，用以标志帧的起始和前一帧的结束。通常，在不进行帧传送的时候，信道仍处于激活状态，标志字段也可以作为帧与帧之间的填充字符。在这种状态下，发送方可以不断地发送标志字段，而接收方则检测每一个收到的标志字段，一旦发现某个标志字段后不再是标志字段，便可认为一个新的帧传送开始了。如果数据中有连续 5 个"1"出现，为防止误判，发送端在连续的"1"后面插入一个"0"，然后继续发送其他比特流。接收方如果发现连续 5 个"1"后面是"0"，则将其删除，以恢复原始比特流。

（2）地址字段（A）

地址字段表示链路上站的地址。在使用不平衡方式传送数据时（采用 NRM 和 ARM 方式），地址字段总是写入从站的地址；在使用平衡方式时（采用 ABM 方式），地址字段总是写入应答站的地址。地址字段的长度一般为 8 bit，最多可以表示 256 个站的地址。在许多系统中规定，当地址字段为"11111111"时，定义为全站地址，即通知所有的接收站接收有关的命令帧并按其动作；全"0"比特为无站地址，用于测试数据链路的状态。

（3）控制字段（C）

控制字段用来表示帧类型、帧编号以及命令、响应等。由于 C 字段的构成不同，可以把 HDLC 帧分为信息帧、监控帧、无编号帧三种类型，分别简称 I 帧（Information）、S 帧（Supervisory）、U 帧（Unnumbered）。在控制字段中，第 1 位是"0"为 I 帧，第 1、2 位是"10"为 S 帧，第 1、2 位是"11"为 U 帧，它们具体操作复杂，另外控制字段也允许扩展。

（4）信息字段（I）

信息字段内包含了用户的数据信息和来自上层的各种控制信息，其长度未作严格限制，目前用的比较多的是 1 000～2 000 bit。在 I 帧和某些 U 帧中，具有该字段，它可以是任意长度的比特序列。在实际应用中，其长度由收发站的缓冲器的大小和线路的差错情况决定，但必须是 8 bit 的整数倍。S 帧没有信息字段。

（5）帧校验序列字段（FCS）

帧校验序列用于对帧进行循环冗余校验，其校验范围从地址字段的第 1 比特到信息字段的最后一比特的序列，并且规定为了透明传输而插入的"0"不在校验范围内。

图 4-15 所示为使用 HDLC 的网络拓扑示意图，可以指定链路层使用 HDLC 封装，并捕获数据帧查看具体格式。一个 HDLC 的实际数据帧的示例如图 4-16 所示。

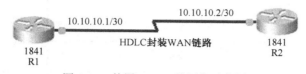

图 4-15　使用 HDLC 的网络示意图

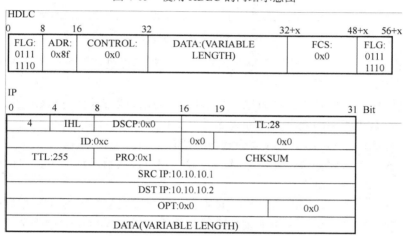

图 4-16　HDLC 帧示例

4.4　点对点（PPP）协议

点对点（Point to Point, PPP）协议是用于在两个节点之间传送帧的协议。PPP 标准由 IETF 的 RFC 定义。PPP 是一种用于广域网的数据链路层协议，可在多种串行 WAN 中实施，可用于各种物理介质，包括双绞线、光缆、卫星传输以及虚拟连接。PPP 可用于承载多种三层协议，如 IPv4、IPv6 和 IPX。

4.4.1　PPP 基本概念

PPP 使用分层体系结构，为满足各种介质的需求，PPP 在两个节点间建立会话逻辑连接。PPP 会话对上层 PPP 协议隐藏底层物理介质，这些会话还为 PPP 提供了用于封装点对点链路上的多个协议的方法。PPP 还让两个节点能够协商 PPP 会话选项，这包括身份验证、压缩和多链路（使用多条物理连接）。PPP 分为以下三层。

- 在点到点链路上使用 HDLC 封装数据。PPP 帧格式以 HDLC 帧格式为基础，做了很少的改动。
- 使用 LCP（链路控制协议）来建立、设定和测试数据链路连接。
- 使用 NCP（网络控制协议）给不同的网络层协议建立连接并配置它们。

PPP 的分层体系构架和 OSI 模型的对应关系如图 4-17 所示。

图 4-17   PPP 的分层体系构架

PPP 使用 LCP 来建立、测试数据链路连接，此外还提供协商封装格式的可选选项，具体包括以下内容。

- 验证：验证过程要求主叫方输入身份信息，让被叫方验证是否建立这个呼叫。
- 压缩：减少帧中的数据量从而提高效率。
- 差错检测：用 Quality 选项来检测链路质量，进行差错检测。
- 多连接：多链路捆绑，在一条链路负载达到一定数值的情况下，启用第二条链路，多条链路间可实现负载均衡。
- PPP 回拨：允许路由器作为回叫服务器。客户端发起初始的呼叫并请求回叫。初始呼叫被终止后，回叫服务器根据配置回叫客户端。这种机制增强了安全性。

当 LCP 将链路建立好后，PPP 使用 NCP 根据不同的需求，配置上层协议所需的环境，为上层提供服务接口。针对上层不同的协议类型会使用不同的 NCP 组件，比如对 IP 提供 IPCP 接口。

从开始发起呼叫到最终通信完成后释放链路，PPP 工作经历以下 4 个阶段。

（1）链路的建立与配置协商

这主要是 LCP 的功能，在连接建立阶段，通信的发起方发送 LCP 帧来配置和测试数据链路。这些 LCP 帧中包含配置选项字段，允许它们利用这些选项协商压缩和认证协议。如果 LCP 帧里不包含配置选项，则使用配置选项的默认值。

（2）认证（验证）及确认阶段

这属于 LCP 的可选功能。LCP 在初始建立连接时根据协商可进行验证，而且必须在网络层协议配置前完成。PPP 连接有两种可用的认证类型：PAP 和 CHAP。

PAP（口令认证协议）是一种两次握手认证协议，仅在初始连接建立时完成，认证过程如下所述。

- 被认证方主动重复发起认证请求，将本端的用户名和口令发送到验证方，直到认证被确认或连接终止。
- 认证方接到被认证方的验证请求后，检查此用户名是否存在以及密码是否正确。如果用户名存在且密码正确，则认证通过，否则认证不通过。

PAP 不是一个强壮的认证方法，因为 PAP 过程中密码在链路上直接传输，极易被捕获造成泄密。另外，无法防止重复攻击和试错法攻击。被认证者控制认证的频率和次数，认证通过后，不再需要认证，使打开的连接不能抵御恶意攻击。

CHAP（质询握手认证协议）由 IETF RFC 1994 定义并克服了很多 PAP 的缺点。CHAP 使用三次握手的方式，并且只在线路上传送用户名而不在线路上直接传送口令。

（3）网络层协议配置阶段

本阶段主要是 NCP 的功能。LCP 初步建立好链路后，通信双方开始交换一系列 NCP 分组为上层不同协议数据包配置不同的环境。比如上层下传 IP 协议数据包，则由 NCP 的 IPCP 负责完成这部分配置。当 NCP 配置完后，双方的通信链路才完全建立好，双方可以在链路上交换上层数据。期间，任何阶段的协商失败都将导致链路的失效。

（4）链路终止阶段

当数据传输完成后或一些外部事件发生（如空闲时间超长或用户打断）时，一方会发出断开连接的请求。这时，NCP 首先释放网络层的连接，然后 LCP 关闭数据链路层的连接；最后，双方的通信设备或模块关闭物理链路回到空闲状态，图 4-18 演示了 PPP 通信的完整过程。

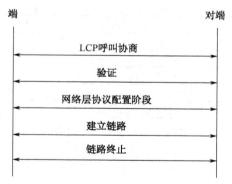

图 4-18　PPP 通信的完整过程

4.4.2　PPP 帧格式

PPP 帧的格式如图 4-19 所示，包括如下主要字段。
- 标志：1 字节，表示帧开始或结束位置。标志字段包括二进制序列 01111110。
- 地址：1 字节，包含标准 PPP 广播地址。PPP 不分配独立的站点地址（也没有必要）。
- 控制：包含二进制序列 00000011，要求在不排序的帧中传输用户数据。
- 协议：2 字节，标志封装于帧的数据字段中的协议。RFC 规定了协议字段的最新值。

● 数据：零或者多字节，包含协议字段中指定协议的数据报。
● 帧校验序列（FCS）：通常为 16 位（2 字节），通过各设备厂商协商，一致同意 PPP 实施时可使用 32 位 FCS，从而提供错误检测能力。

字段名称	标志	地址	控制	协议	数据	帧校验序列
大小	1字节	1字节	1字节	2字节	不定	2或4字节

图 4-19　PPP 帧结构

通过使用网络仿真，我们可以获取一个真实的 PPP 帧的具体内容，如图 4-20 所示，我们可以搭建一个使用 PPP 的基本网络，然后查看 PPP 帧的具体内容，帧的示例如图 4-21 所示。

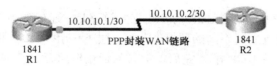

图 4-20　使用 PPP 的网络示意图

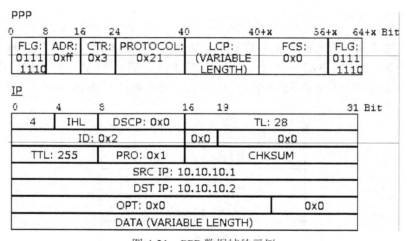

图 4-21　PPP 数据帧的示例

4.4.3　PPPoE

PPPoE（Point-to-Point Protocol over Ethernet）是以太网上的点对点协议，是将点对点协议（PPP）封装在以太网（Ethernet）框架中的一种网络隧道协议。由于协议中集成了 PPP 协议，所以实现了传统以太网不能提供的身份验证、加密以及压缩等功能，也可用于缆线调制解调器（Cable Modem）和数字用户线路（DSL）等以以太网协议向用户提供接入服务的协议体系。本质上，它是一个允许在以太广播域中的两个以太网接口间创建点对点隧道的协议。与传统的接入方式相比，PPPoE 具有较高的性能价格比，它在包括小区组网建设等一系列应用中被广泛采用，目前流行的宽带接入方式 ADSL 就使用了 PPPoE 协议。

PPPoE 协议是利用以太网资源，将以太网中的多台主机连接到 AC（访问集中器）上，然后通过在以太网中运行 PPP 协议来实现用户的认证接入,其工作原理主要分为发现阶段和 PPP 会话阶段两个阶段。

（1）PPPoE 发现阶段

由于传统的 PPP 连接是创建在串行链路或拨号时创建的 ATM 虚电路连接上的,所有的 PPP 帧都可以确保通过电缆到达对端。但是以太网是多路访问的,每一个节点都可以相互访问。以太帧包含目的节点的物理地址（MAC 地址）,这使得该帧可以到达预期的目的节点。因此,在以太网上创建连接,交换 PPP 控制报文之前,两个端点都必须知道对端的 MAC 地址,这样才可以在控制报文中携带 MAC 地址。PPPoE 发现阶段做的就是这件事。除此之外,在此阶段还将创建一个会话 ID,以供后面交换报文使用。

（2）PPP 会话阶段

用户主机与接入集中器根据在发现阶段所协商的 PPP 会话连接参数进行 PPP 会话。一旦 PPPoE 会话开始,PPP 数据就可以以任何其他的 PPP 封装形式发送。所有的以太网帧都是单播的。会话阶段主要分为三个步骤,如下所述。

- 链路建立阶段：在这个阶段,运行 PPP 的设备会发送 LCP 报文来检测链路的可用情况,如果链路可用,则会成功建立链路,否则链路建立失败。
- 验证阶段（可选）：链路成功建立后,根据 PPP 帧中的验证选项来决定是否验证。如果需要验证,则开始 PAP 或者 CHAP 验证,验证成功后开始网络协商阶段。
- 网络协商阶段：运行 PPP 的双方发送 NCP 报文来选择并配置网络层协议,双方会协商彼此使用的网络层协议（如 IP 或 IPX）,同时也会选择对应的网络层地址（如 IP 地址或 IPX 地址）。

PPPoE 会话阶段的步骤如图 4-22 所示。

图 4-22　PPPoE 会话阶段的步骤示意图

PPPoE 本质上是在以太网帧中使用 PPP 协议的技术,其帧结构如图 4-23 所示。

对应于上节介绍的两个 PPPoE 协议会话的两个阶段,PPPoE 帧格式也包括两种类型：发现阶段的以太网帧中的类型字段值为 0x8863,PPP 会话阶段的以太网帧中的类型字段值为 0x8864,均已得到 IEEE 的认可。

PPPoE 分组中的版本（VER）字段和类型（TYPE）字段长度均为 4 比特,在当前版本 PPPoE 建议中这两个字段值都固定为 0x1。代码（CODE）字段长度为 8 比特,根据两阶段中各种数据包的不同功能其值不同。在 PPP 会话阶段 CODE 字段值为 0x00。会话 ID（SESSION_ID）字段长度为 16 比特，在一个给定的 PPP 会话过程中它的值是固定不变的，其中值 0XFFFF 为保留值。长度（LENGTH）字段为 16 比特，指示 PPPoE 净荷长度。发现阶段的 PPPoE 载荷可以为空或由多个标记（TAG）组成，每个标记都是 TLV（类型-长度-值）的结构。PPP 会话阶段 PPPoE 载荷为点对点协议包。

以太网帧结构

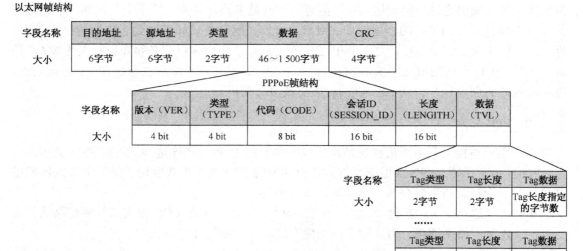

图 4-23　PPPoE 帧结构

🎼4.5　复习题

1．选择题

① 在 OSI 参考模型中，数据链路层传输的信息单位为（　　）。

A．比特（bit）　　　　　B．字节（Byte）　　　C．帧（frame）　　D．报文（packet）

② HDLC 采用的帧的首尾标志是（　　）。

A. 01010101　　　　　B. 01111110　　　　　C. 10101010　　　　D. 10000001

③ 数据链路提供的主要功能是帧封装、差错处理和（　　）。

A．流量控制　　　　　B．网络层连接　　　C．传输物理信号　D．为应用层提供服务

④ 数据链路层的流量控制一般用于哪种情况（　　）。

A．相邻节点的收发速率不匹配　　　　　　　B．相隔节点的收发速率不匹配

C．相邻节点的物理介质不匹配　　　　　　　D．接收方的速率大于发送方

⑤ 数据链路层可以分为 2 个子层，分别是（　　）。

A．网络层和控制层　　　　　　　　　　　B．逻辑链路控制层和介质访问控制层

C．LCP 和 NCP 层　　　　　　　　　　　D．MAC 层和介质访问控制层

⑥ 下列哪项不是数据链路层协议（　　）。

A. PPP　　　　　　B. HDLC　　　　　　C. Frame Relay　　　　D. IPX

⑦ 以太网定义的 MAC 地址的位数是（　　）。

A. 32　　　　　　B. 48　　　　　　C. 64　　　　　　D. 16

⑧ 下列不属于广域网数据链路层的协议是（　　）。

A. 帧中继　　　　B. PPP　　　　　C. WLAN　　　　D. X.25

⑨ HDLC 的三种帧为信息帧、监控帧和（　　）。

A. 流控帧　　　　B. 有编号帧　　　C. 无编号帧　　　　D. 检测帧

⑩ PPPoE 主要用在（　　）。

A. 家庭接入 ADSL　　　　　　　　　B. 局域网

C. 城域网　　　　　　　　　　　　　D. 无线局域网

2. 填空题

① 数据链路层常用的帧同步方法是比特填充法和_____法。

② 帧的三个基本组成部分是_____、_____和_____。

③ 以太网帧的前导码的长度是_____字节，帧校验序列的长度是_____字节。

④ 在 IEEE 802.11 帧中，除了目的地址和源地址外，还包括_____地址和_____地址。

⑤ HDLC 中常用的三种操作方式是_____、_____和_____。

3. 解答题

① 数据链路层的基本功能是什么？

② 简述 HDLC 帧发送序号与接收序号的作用。

③ 简述 PPP 协议的层次结构。

4.6　实践技能训练

实验一　验证常见局域网数据帧的结构

1. 实验简介

本实验用网络仿真软件搭建常见的局域网拓扑，如图 4-24 所示，并使用以太网介质和无线介质进行连接。整个网络中的主机能够互相访问。要求学生掌握使用 PacketTracer 的 Simulation 模式查看以太网帧和 WLAN 帧的具体结构。

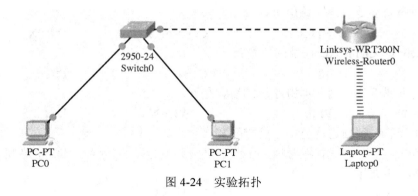

图 4-24 实验拓扑

2. 学习目标

● 掌握常见的局域网数据链路层协议的原理。
● 掌握以太网链路的连接设备和以太网帧的结构。
● 掌握 IEEE 802.11WLAN 设备和 WLAN 帧结构。

3. 实验任务与要求

① 按照实验拓扑，从交换机设备和无线设备中分别选择一台以太网交换机和一台无线路由器。

② 从终端设备中选择 2 台台式机和一台笔记本，并为笔记本安装无线网卡。

③ 按照网络拓扑，连接所有设备。

④ 查看无线路由器的默认配置，记录 DHCP 配置的网段和无线网络的 SSID。

⑤ 配置台式机的 IP 地址为 DHCP，查看并记录台式机获得的 IP 地址。

⑥ 配置笔记本电脑的无线网卡的 IP 地址为 DHCP，查看并记录笔记本电脑获得的 IP 地址。

⑦ 使用 Simulation 模式，从 PC0 发送一个报文至 PC1，查看报文的帧的具体格式并截图记录，和以太网帧的结构进行对比。

⑧ 使用 Simulation 模式，从笔记本电脑发送一个报文至 PC1，查看报文的帧的具体格式并截图记录，和 WLAN 的帧结构进行对比。

4. 实验拓展

① 当一个数据报文从一台主机发往另一台主机时，有 2 种报文，分别是什么报文？这 2 种报文在以太网帧或者 WLAN 帧的类型字段中分别是什么值？

实验二　验证常见广域网数据帧的结构

1. 实验简介

本实验用网络仿真软件搭建常见的广域网拓扑，如图 4-25 所示，并使用串行介质进行连接，使用 2 种不同的数据链路层协议对帧进行封装，整个网络中的主机能够互相访问。要求学生掌握使用 Packet Tracer 的 Simulation 模式查看 PPP 帧和 HDLC 帧的具体结构方法。

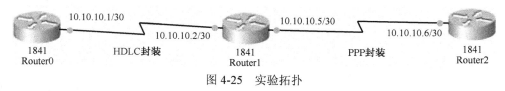

图 4-25 实验拓扑

2. 学习目标

● 掌握常见的光网数据链路层协议的原理。
● 掌握以串行链路连接设备和 HDLC、PPP 帧结构。

3. 实验任务与要求

① 按照实验拓扑，从路由器设备中选择 3 台路由器，安装串行接口模块。
② 安装实验拓扑，使用 DCE 串行电缆连接 3 台路由器。
③ 进入接口配置模式，配置连接的串行接口的 IP 地址与掩码，设置接口开启。
④ 配置 Router0 和 Router1 之间的数据链路封装为 HDLC。
⑤ 配置 Router1 和 Router2 之间的数据链路封装为 PPP。
⑥ 配置 Router0 和 Router1 接口的时钟频率（Clock Rate）为 64 000 Hz。
⑦ 尝试从相邻的 2 台路由器 ping 对方的接口的 IP 地址，看是否能通。如不能，在教师指导下，完成故障排除。
⑧ 使用 Simulation 模式，从 Router0 发送报文至 Router1，查看报文内容，对比 HDLC 的帧构成，截图记录 HDLC 的帧内容。
⑨ 使用 Simulation 模式，从 Router1 发送报文至 Router2，查看报文内容，对比 PPP 的帧构成，截图记录 PPP 的帧内容。

4. 实验拓展

① 根据你查看到的 HDLC 帧的结构，本次实验中的 HDLC 帧中标志字段、地址字段和控制字段的值分别是什么？
② 根据你查看到的 PPP 帧的结构，本次实验中的 PPP 帧中标志字段、地址字段和控制字段的值分别是什么？

第 5 章

网络互连层

【本章知识目标】

- 了解网络连接的相关协议与设备
- 理解 IPv4 数据报的格式与字段含义
- 理解路由器如何转发数据包，实现路由
- 熟悉网络层相关的工作协议
- 了解下一代网络 IPv6 的基础与报文结构

【本章技能目标】

- 掌握在 Packet Tracer 仿真模拟器中对 IPv4 数据报的格式进行分析与判断的方法
- 掌握路由器路由表的结构并且能够查看路由表的条目
- 能够使用网络层相关协议进行网络分析与测试

5.1　网络互连

网络互连的目的是使一个网络上的用户能够访问网络上的资源，使不同网络上的用户能够相互通信和交换信息。网络互连涉及的概念很多，下面将从网络连接、网络互连和网络互通 3 个概念进行解释。

5.1.1　网络互连原理

1. 网络连接

网络连接（Internetworking）是指一对通构或者异构的端系统，通过多个网络（或中间系统）所提供的接续通路连接起来，完成信息互传的组织形式。连接的目的是实现系统之间的端到端（End To End）通信。所以网络连接是对于不同网络系统之间的连接，要求它们在协议能力上有接续能力，以完成端系统之间的数据传输。

2. 网络互连

网络互连（Internetconnection）是指不同网络之间的相互连接，目的是实现不同网络之间的数据传输。这里把一个子网看作一条"链路"，把网络之间的连接看作交换节点，从而形成一个大型的网络。

3. 网络互通

网络互通（Interworking）是指网络不依赖于其他形式的一种能力，它不仅指端到端之间的数据传输，还表现出各种业务之间的相互作用。网络连接和网络互连实现数据传输，而网络互通则是表现形式，是各种应用之间相互作用的协议环境。

互连的网络在体系结构、层次协议及网络服务等方面都存在着差异，对于异构网络来说差异就更大。这种差异可能表现在寻址方式、路由选择、最大分组长度、网络接入机制、用户接入控制、差错恢复、服务、管理方式等很多方面的不同。所以要实现网络互连，就必须消除网络之间的差异。屏蔽异种网络的差异有以下两个条件。

① 统一数据格式。

② 统一网络地址。

由网络的作用范围进行分类，可以分为 WAN、MAN、LAN。因此，网络互连也就涉及 LAN-LAN、LAN-WAN、WAN-WAN、LAN-WAN-WAN 四种形式，如图 5-1 所示。

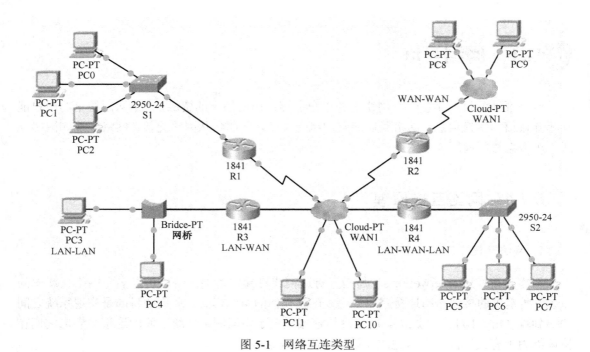

图 5-1　网络互连类型

5.1.2　网络互连设备

1. 物理层互连设备

物理层互连设备如图 5-2 所示，主要解决不同电缆、不同信号的互连问题。互连的主要设备是中继器和集线器。

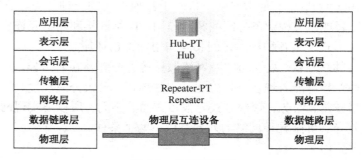

图 5-2　物理层互连

中继器、集线器的标准与功能：集线器、中继器工作在 OSI 参考模型的第一层即物理层。物理层互连标准由 EIA、CCITT 及 IEEE 制定。物理层设备常用于连接两个网络节点，进行物理信号的双向转发，对信号起到中继放大作用，补偿信号衰减，支持远距离通信。

2. 数据链路层互连设备

数据链路层互连如图 5-3 所示，主要实现不同网络间数据帧的存储和转发。互连的主要设备是网桥和交换机。

图 5-3　数据链路层互连

网桥、交换机的标准和功能：网桥和交换机工作在 OSI 参考模型的第二层即数据链路层。其标准由 IEEE 802 工程委员会开发。网桥和交换机的功能是完成数据帧（Frame）的转发，主要目的是在连接的网络间提供透明通信。数据帧的转发依据是帧结构中的目的地址（MAC 地址），然后根据网桥、交换机的 MAC 地址表决定是否转发，转发到哪个端口。帧中的地址称为 MAC 地址或实际地址，又叫作网卡的物理地址。

网桥和交换机能够起到隔离网络的作用，如图 5-4 所示，A、B 两台计算机组成一个局域网，C、D 两台计算机组成另一个局域网，而局域网 1 所发出的数据是不会转发到局域网 2 中去的。

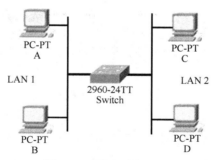

图 5-4　交换机连接网络

3. 网络层互连设备

网络层互连设备如图 5-5 所示，主要实现不同网络间的存储和转发分组。互连的主要设备是路由器。

路由器主要功能是建立并维护路由表。为了实现分组的转发功能，路由器内部有一个路由表数据库与一个网络路由状态数据库。在路由表数据库中，保存着路由器每个端口对应连接的节点地址，以及其他路由器的地址信息。路由器通过定期与其他路由器交换路由信息来更新路由表；提供网络间分组转发功能，每当一个分组进入路由器时，路由器检查报文分组的源 IP 地址与目的地 IP 地址，然后根据路由表数据库的相关信息，决定应该分组将往哪个接口转发。

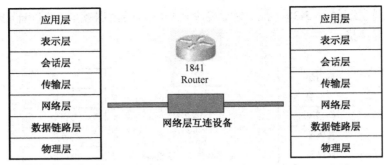

图 5-5　网络层互连

路由器对每一个网络都起到了隔离作用，如图 5-6 所示，当数据在三个局域网中传送时，路由器将检查路由表，如果路由表里有相关的路由条目，路由器则转发数据，否则路由器就丢弃数据。

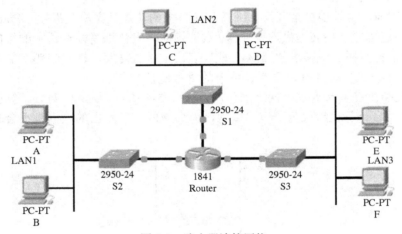

图 5-6　路由器连接网络

4．高层互连设备

在传输层及以上各层协议下进行网络互连属于高层互连，其主要的实现设备是网关等。

网关也叫网间协议变换器，用于高层协议的转换，它是比交换机和路由器更复杂的网络互连设备。网关可以实现不同协议的网络间互连，包括不同网络操作系统的网络互连，也可以实现远程网络间的互连。在高层协议转换的实际实现中，并不一定要分层进行，例如，从传输层到应用层的协议转换可以一起进行。

5.1.3　网络互连协议

由于现在 Internet 使用非常广泛并且正在迅速发展，因此下面主要介绍在 Internet 中使用较广的一些网络互连协议。

1．静态路由协议

在路由器上可以手工配置路由信息，该路由称为静态路由。静态路由的例子就是默认路由。静态路由需要网络管理员进行初始配置并对任何路由的变化做出修改。静态路由通常认为是很可靠的，路由器不会有任何处理数据包的开销。另一方面，静态路由不能自动更新，需要有网络管理员进行持续的管理。

如果路由器与多台其他的路由器相连接，则需要完全了解网络的结构。为了确保使用最合适的下一跳地址来转发数据包，每一个目的地网络都需要配置路由或者默认路由。由于在每一跳都要转发数据包，因此每台路由器都需要配置静态路由。

此外，如果网络结构变化很快，或者有新的网络加入，还必须在每台路由器上手动更新。如果没有及时更新，路由信息就不准确，导致数据转发延迟或者丢失数据包。

2．动态路由协议

在一个网络中，路由器可以从其他路由器那里动态学习路由信息，该路由称为动态路由。动态路由从其他路由器获得更新信息，无须额外配置。动态路由协议需要路由器 CPU 的资源来处理信息。

动态路由协议是路由器动态共享其路由协议所依据的规则集。当路由器发现自身直连的网络发生变化或者路由器之间的链路变更时，会将此类信息传送给其他路由器。当一台路由器收到有关新路由或路由更新信息时，它会自动地传递给其他路由器。最后，所有的路由器都会有更新路由表，如图 5-7 所示为共享动态路由。

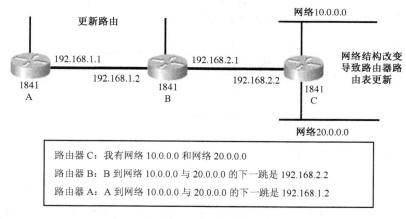

图 5-7　共享动态路由

常用动态路由协议有以下几种：

- 路由协议协议（RIP）；
- 增强型内部网关路由协议（EIGRP）；
- 开放最短路径优先（OSPF）。

尽管动态路由协议能够为路由器提供最新的路由表，但也会增加各种开销。首先，交换路由信息增加了网络带宽的开销。其次，路由器计算最优路径需要消耗路由器 CPU 的开销，路由器不仅要处理每个数据包，而且要路由该数据包。这意味着路由器必须有足够的处理能力才能实施协议的算法和转发数据包。

 # 5.2 网络层 IPv4 数据报

5.2.1 IPv4 数据报格式

网络层的基本数据传输单元叫作 IP 数据报，简称为包。数据报由首部和数据两部分组成，首部又分为固定长度与可变长度部分两部分，其中，固定长度部分长 20 字节，是每个 IP 数据报必须具有的，可变长度部分是可选部分，长度是不固定的。在 TCP/IP 标准中，报文格式常常以 32 比特（4 字节）为单位来描述，IP 数据报的格式如图 5-8 所示。

0	4	8	16	19	31
版本	首部长度	区分服务	总长度		
标识			标志	片偏移	
生存时间		协议	首部校验和		
源 IP 地址					
目的 IP 地址					
选项（长度可变）				填充	
数据部分					

首部	数据部分

图 5-8　IP 数据报格式

5.2.2 IP 数据报各字段含义

1. IP 数据报首部固定部分

① **版本**：4 比特，指定 IP 数据报的版本，当前 Internet 使用的是第 4 版本，称为 IPv4，通信的双方必须使用相同的版本。

② **首部长度**：4 比特，指 IP 数据报首部的长度，单位是 32 位（4 字节）。由于首部长度占 4 比特，4 比特能表示最大值是 15（二进制 1111），即 60 字节。一般情况下 IP 数据报的首部只包含固定部分，不含选项字段和填充字段，这样首部长度值就是 5（二进制 0101），即 20 字节。

③ **区分服务**：8 比特，描述路由器在处理数据包时所使用的优先级别。例如，数据包中 IP 语音数据包的优先级高于流媒体音乐。路由器的这种处理数据包的方法称为 QoS（服务质量）。这个字段之前叫作服务类型 TOS（Type Of Service），但一直没有使用。

④ **总长度**：16 比特，指整个 IP 数据报的总长度，包括首部和数据部分，单位是字节。由于总长度为 16 比特，所以 IP 数据报的总长度最大值是 65 535 字节。

⑤ **标识**：16 比特，当数据报的长度超过网络的最大传输单元（Maximum Transmission Unit，MTU）时，数据报就需要分片，那么标识字段的值就被复制到所有的分片标识字段中。接收方根据分片中的标识来判断其归属，从而进行分片的重组。

⑥ **标志**：3 比特，指示数据是否分片，目前只有后 2 位有意义。

标志字段的最低位记为 MF（More Fragment）。MF = 1 表示后面还有分片；MF = 0 表示这已经是最后一个分片。

标志字段的中间一位记为 DF（Don't Fragment）。DF = 1 表示不允许分片；DF = 0 表示允许分片。

如果数据报由于不能分片而未能被转发，那么路由器将丢弃该数据报向源端发送 ICMP 不可达报文。

⑦ **片偏移**：13 比特，发生分片后，当到达目的主机时，IP 数据报利用 IP 报头中的分片偏移和 MF 标志位重建数据报。分片偏移字段指明重建数据板时数据报分片的次序。

⑧ **生存时间**：8 比特，记为 TTL（Time To Live），描述的是数据报被丢弃或可传输之前可以经过的最大跳数。处理过数据包的每台路由器将 TTL 值减 1，TTL 值为 0 的数据包会被路由器丢弃。

⑨ **协议**：8 比特，指出 IP 数据报携带的数据使用的是哪种协议，目的主机的 IP 层应该将数据部分上交给哪个处理过程。常见的协议字段和字段值为 ICMP:1、IGMP:2、TCP:6、UDP:17、OSPF:89。

⑩ **首部校验和**：16 比特，用来检测 IP 数据报的首部。

⑪ **源 IP 地址和目的 IP 地址**：各为 32 比特，IP 数据报发送和接收方的 IP 地址。

2. IP 数据报首部可选部分

选项字段主要是用于网络测试或调试。该字段长度可变，从 1 字节到 40 字节不等，其变化依赖于所选的类型，例如，路由选项、时间戳选项等。

填充字段依赖于选项字段的值，一般情况下填充字段都以"0"来填充。

为了深刻理解 IP 数据报的特征，在 Packet Tracer 中搭建如图 5-9 所示实验拓扑。

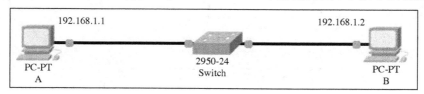

图 5-9　获取数据报拓扑

给两台计算机分别分配 IP 地址为 192.16.81.1、192.168.1.2，把 Packet Tracer 模拟器切换到 Simulation 模式，进入计算机 A 命令行执行命令 ping 192.168.1.2，单击模拟模式面板上的 Capture/Forward 按钮捕获数据包，打开数据包（单击 Info 下面正方形图案），图 5-10 显示了 Packet Tracer 中这两个计算机发送 ping 包的 IP 数据报格式。

从数据报格式中可以看出一些字段含义：IP 数据报版本为 4，数据报总长度为 28，标识为 2，标志为 0，片偏移是 0，生存时间是 255，协议为 1，源地址（SRC IP）是 192.168.1.1，目的地址（DST IP）是 192.168.1.2，数据报是从计算机 A 发送到计算机 B 的。

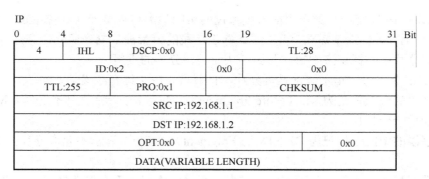

图 5-10 数据报具体格式

5.3 路由数据包

5.3.1 路由选择机制

通信子网为网络节点和目的节点提供了多条通信线路（通信路径）。网络节点在收到一个分组后，要确定下一个节点的转发路径，这就是路由选择，路由选择是网络层实现的基本功能。路由选择包括两个基本操作，即最佳路径的判断和网间信息包的转发。两者之间，路径的选择相对来说是较复杂的过程，如图 5-11 所示，从计算机 A 发送数据报到计算机 B，当经过节点 1 时，节点 1 需要确定向哪个节点转发数据包。

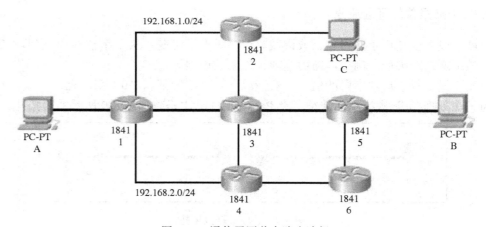

图 5-11 通信子网节点路由选择

5.3.2 数据包转发策略

当主机 A 要向另一个主机 B 发送数据报时，先要检查目的主机 B 是否与源主机 A 连接在同一个网络中，如果是，就将数据报直接交付给目的主机 B 而不需要通过路由器；如果目的主机与源主机 A 不是连接在同一个网络上，则应将数据报发送给本网络中的某个路由器，由该路由器按照转发表指出的路由将数据报转发给下一个路由器，这就叫作间接交付，如图 5-12 所示。

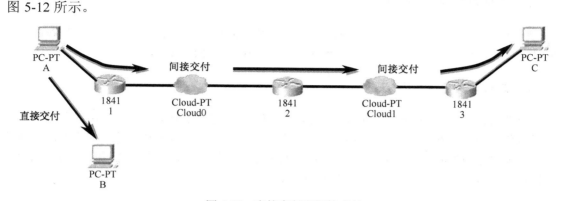

图 5-12 直接交付和间接交付

路由器收到分组后，根据分组中包含的目的地址，在转发表中选择适当的输出端口，转发分组。若路由器处理分组的速率赶不上分组进入队列的速率，则队列的存储空间最终必定减少到零，这就使后面再进入队列的分组由于没有存储空间而只能被丢弃。路由器中的输入或输出队列产生溢出是造成分组丢失的重要原因。

5.3.3 路由协议

因特网上的路由协议众多，根据路由算法对网络变化的适应能力，主要分为以下两种类型。

- 静态路由选择策略：即非自适应路由选择，其特点是简单、开销较小，但不能及时适应网络状态的变化。
- 动态路由选择策略：即自适应路由选择，其特点是能较好地适应网络状态的变化，但实现起来较为复杂，开销也比较大。

因特网采用分层次的路由选择协议，因特网的规模非常大，如果让所有的路由器知道所有的网络应怎样到达，则这种路由表将非常大，处理起来也太花时间，而所有这些路由器之间交换路由信息所需的带宽就会使因特网的通信链路饱和。

许多单位不愿意外界了解自己单位网络的布局细节和本部门所采用的路由选择协议（这属于本部门内部的事情），但同时还希望连接到因特网上。

1. 自治系统

因特网将整个互连网络划分为许多较小的自治系统（Autonomous System，AS），一个自治系统就是一个互连网络，其最重要的特点就是自治系统有权自主地决定在本系统内应采用何种路由选择协议。一个自治系统内的所有网络都属于一个行政单位（例如，一个公司，一所大学，政府的一个部门，等等）来管辖，一个自治系统的所有路由器在本自治系统内都必须是连通的。

2．内部网关协议（IGP）

内部网关协议（Interior Gateway Protocol，IGP）是在一个自治系统内部使用的路由选择协议，目前，这类路由选择协议使用得最多，如 RIP 和 OSPF 协议。

3．外部网关协议（EGP）

外部网关协议（External Gateway Protocol，EGP）是在自治系统之间使用的路由协议，若源站和目的站处在不同的自治系统中，当数据报传到一个自治系统的边界时，就需要使用一种协议将路由选择信息传递到另一个自治系统中，这样的协议就是外部网关协议（EGP）。在外部网关协议中，目前使用最多的是 BGP-4。

5.3.4 路由器路由表

路由是指为每个到达网关接口的数据包做出转发决定的过程。将数据包转发到目的地网络，路由器需要有到那个网络的路由条目。如果在路由器上目的网络的路由条目不存在，数据包就会被转发到默认网关。如果没有默认网关，则数据包就会被丢弃。路由器中转发数据包所依据的路由条目就组成了路由器的路由表。

1．路由器的路由表存储的信息

路由器的路由表存储下列信息。
- 直连网络：这些路由条目来自于路由器的活动接口。当接口配置了 IP 地址并且已经激活时，路由器将会直接将接口所在的网络条目加入路由表。路由器的每一个接口都连接了不同的网络。
- 远程网络：这些路由条目来自连接到本路由器的其他路由器的远程网络。通向这些网络的路由条目可以由网络管理员手动安排，或者配置动态路由让路由器自动学习并且计算到达远程网络的路径。

2．路由器的路由表中的条目包括的信息

路由器的路由表中的条目主要包括以下三个信息。
- 目的网络。
- 与目的网络相关的度量。
- 到达目的网络需要经过的下一跳 IP 地址。

在 Cisco IOS 路由器上，查看路由器路由表的命令是 show ip route。路由器还提供了其他路由信息，包括路由信息是如何交换的，每隔多少时间交换一次信息等。

在 Packet Tracer 中搭建如图 5-13 所示拓扑，并且配置好动态路由协议 OSPF。

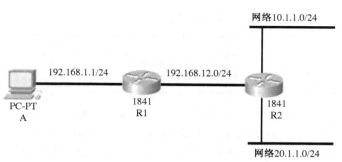

图 5-13　查看路由表拓扑

在路由器 R1 上查看路由表，输入命令 show ip route，查看结果如图 5-14 所示。

```
R1#show ip route
Codes: C - connected, S - static, I - IGRP, R - RIP, M - mobile, B - BGP
D - EIGRP, EX - EIGRP external, O - OSPF, IA - OSPF inter area
N1 - OSPF NSSA external type 1, N2 - OSPF NSSA external type 2
E1 - OSPF external type 1, E2 - OSPF external type 2, E - EGP
i - IS-IS, L1 - IS-IS level-1, L2 - IS-IS level-2, ia - IS-IS inter area
* - candidate default, U - per-user static route, o - ODR
P - periodic downloaded static route

Gateway of last resort is not set

     10.0.0.0/32 is subnetted, 1 subnets
O       10.1.1.2 [110/2] via 192.168.12.2, 00:01:06, FastEthernet0/1
     20.0.0.0/32 is subnetted, 1 subnets
O       20.1.1.2 [110/2] via 192.168.12.2, 00:00:55, FastEthernet0/1
C       192.168.1.0/24 is directly connected, FastEthernet0/0
C       192.168.12.0/24 is directly connected, FastEthernet0/1
```

图 5-14　路由器 R1 的路由表

从 R1 的路由表中可以看出，直连路由条目有两条，如表 5-1 所示。远程网络也有两个路由条目，如表 5-2 所示。

表 5-1　直连路由条目

Type	Network	Port	Next Hop IP	Metric
C	192.168.12.0/24	FastEthernet0/1	---	0/0
C	192.168.1.0/24	FastEthernet0/0	---	0/0

- C：标识直连网络。接口配置好并且激活后，条目将自动转入路由器路由表。
- Network：目的网络，is directly connected 代表是直连网络。
- Port：端口，表示连接的路由器的接口。

表 5-2　远程路由条目

Type	Network	Port	Next Hop IP	Metric
O	10.1.1.2/32	FastEthernet0/1	192.168.12.2	110/2
O	20.1.1.2/32	FastEthernet0/1	192.168.12.2	110/2

- O：标识远程网络，由动态路由协议 OSPF 学习得到。
- Next Hop IP：下一跳 IP 地址，指示到达目的地网络需要经过的接口 IP 地址。
- Metric：度量，是到达目的网络需要的开销，不同的路由协议计算机度量的参数不同，OSPF 主要以带宽作为衡量参数。

5.4　网络层协议

因特网是一组网络或者自制系统的集合，在因特网中，实现这些网络互连的关键就是网络协议，IP 协议就是实现网络互连的最关键协议。IP 协议是 TCP/IP 协议族的核心，它提供了一种无连接、不可靠的 IP 数据包服务，不管主机处于哪个网络，要将数据发送到哪个网络，都必须以 IP 报文的形式从源端到目的端进行发送。

5.4.1　IP 协议

互连网协议（Internet Protocol，IP）是网络层最重要的协议，可把多个网络或者自制系统连成一个网络，可以把高层（传输层以上）的数据以多个数据报的形式通过互联网发送出去。网络层的主要功能都是以 IP 为基础的，主要负责 IP 寻址、路由选择和 IP 数据报的分片和重组。

之前已经讨论过 IP 数据报的格式与各字段的含义，那么 IP 数据报是如何进行分片与重组的呢？

IP 数据报是通过封装为物理帧来传输的。由于因特网是通过各种不同的物理网络技术互连起来的，在因特网的不同部分，物理帧的大小（MTU，最大传输单元）各不相同。为了合理利用物理网络的传输数据能力，IP 模块所在的物理网络以 MTU 这个参数作为依据来确定 IP 数据报的大小。当数据报的大小超过了 MTU 的值时，就可能出现 IP 数据报的分段与重组操作。

在 IP 报文首部中有标识、标志、片偏移三个字段，是用来说明 IP 数据报分片与重组过程的参数。IP 数据报在传输过程中，一旦被分片，各个分片就作为独立的 IP 数据报进行传输，在到达目的主机之前有可能会被再次或多次分片。但 IP 分片的重组都是在目的主机完成的。

为了观察 IP 数据报分片与重组的过程，在 Packet Tracer 中搭建如下拓扑，路由器基本的配置已经完成，如图 5-15 所示。

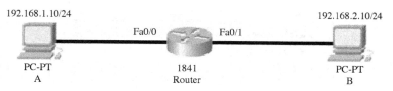

图 5-15　IP 数据报分片与重组拓扑

首先查看一下路由器 Router 的以太网接口 Fastethernet0/0 接口模块的 MTU 参数，输入命令 show interface fastethernet0/0，查看结果，如图 5-16 所示。

```
Router#show interface fastethernet 0/0
FastEthernet0/0 is up, line protocol is up (connected)
   Hardware is Lance, address is 0000.0c59.8a01 (bia 0000.0c59.8a01)
   Internet address is 192.168.1.1/24
MTU 1500 bytes, BW 100000 Kbit, DLY 100 usec,
reliability 255/255, txload 1/255, rxload 1/255
   Encapsulation ARPA, loopback not set
   ARP type: ARPA, ARP Timeout 04:00:00,
   Last input 00:00:08, output 00:00:05, output hang never
   Last clearing of "show interface" counters never
   Input queue: 0/75/0 (size/max/drops); Total output drops: 0
Queueing strategy: fifo
   Output queue :0/40 (size/max)
   5 minute input rate 1 bits/sec, 0 packets/sec
   5 minute output rate 3 bits/sec, 0 packets/sec
      2 packets input, 56 bytes, 0 no buffer
      Received 0 broadcasts, 0 runts, 0 giants, 0 throttles
      0 input errors, 0 CRC, 0 frame, 0 overrun, 0 ignored, 0 abort
      0 input packets with dribble condition detected
      4 packets output, 115 bytes, 0 underruns
      0 output errors, 0 collisions, 1 interface resets
      0 babbles, 0 late collision, 0 deferred
      0 lost carrier, 0 no carrier
      0 output buffer failures, 0 output buffers swapped out
```

图 5-16　MTU 参数

从参数中可以看出，路由器以太网接口的 MTU 值是 1 500 字节。然后把 Packet Tracer 模拟器切换到 Simulation 模式，创建一个复杂的数据包，大小为 1 600（大于 MTU 值）字节，如图 5-17 所示。

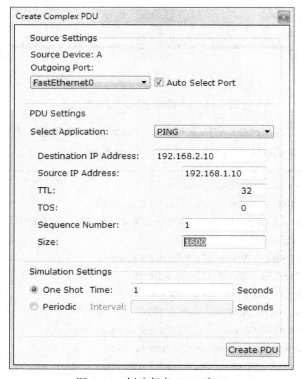

图 5-17 创建复杂 PDU 窗口

Simulation 结果如图 5-18 所示，从中可以看出，IP 数据报被分片为两个数据包。

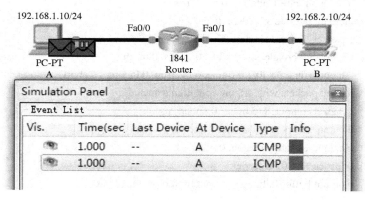

图 5-18 分片数据报

打开两个分片数据报（单击 Info 下面正方形图案），查看分片的三个标识域，如图 5-19 所示。

从中可以看出，两个分片的标识域都是 0x3，说明它们是同一个 IP 数据报的分片；第一个分片标志域为 0x1，说明其后还有分片；第二个分片标志域为 0x0，说明其后没有分片了，它是最后一个分片。第一个分片片偏移为 0x0，说明它是第一个分片；第二个分片片偏移为 0x5c8，说明它在分片中的位置，转换为十进制为 1 480（IP 数据报首部 20 字节，所以第二个数据分片位置不是 1 500，而是 1 480）。

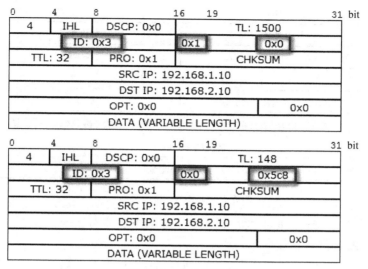

图 5-19 分片标识域

IP 对数据报的处理分为两种：一是主机对数据报进行处理；另一种是网关对数据报进行处理。

当 IP 数据报到达主机时，如果 IP 数据报的目的地址与主机相同，主机接收该数据报并将它转给高层协议处理，否则将丢弃该数据报。

如果是网关接收到的数据报，网关首先判断是否本机是数据报中的目的地址，如果不是，则将数据继续转发，转发过程则由路由器控制。

5.4.2 ARP 协议

地址解析协议（Address Resolution Protocol，ARP），是将 IP 地址解析为 MAC 地址的一个关键协议。

ARP 协议的基本功能有以下两个：

● 将 IP 地址解析为 MAC 地址；

● 维护缓存中的映射关系。

在 TCP/IP 网络环境下，每个主机都需要分配一个 32 比特的 IP 地址，这是网络层通信寻址的一种逻辑地址。为了让数据在物理网络上传输，必须知道彼此的物理地址。这样就存在把互联网地址变换为物理地址的地址转换问题。

在以太环（Ethernet）境下，为了正确地向目的主机发送报文，就必须把 32 位的 IP 地址转换成 48 位的 MAC 地址 DA。

每一个主机中都设有一个 ARP 高速缓存（ARP Cache），存有所在局域网上的各主机和路由器的 IP 地址到硬件地址的映射表。

当主机 A 欲向本局域网上的某个主机 B 发送 IP 数据报时，就先在其 ARP 高速缓存中查看有无主机 B 的 IP 地址。如有，就可查出其对应的硬件地址，再将此硬件地址写入 MAC 帧，然后通过局域网将该 MAC 帧发往此硬件地址；如果没有，则广播发送一个 ARP 请求数据分组，ARP 广播报文格式如图 5-20 所示。

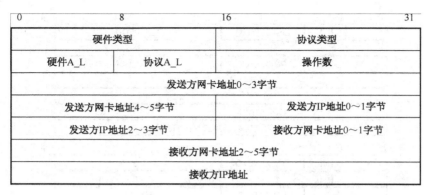

图 5-20　ARP 广播报文格式

　　为了减少网络上的通信量，主机 A 在发送其 ARP 请求分组时，就将自己的 IP 地址和硬件地址都写入 ARP 请求分组。

　　当主机 B 收到主机 A 的 ARP 请求分组时，就将主机 A 的这一地址映射写入主机 B 自己的 ARP 高速缓存中，主机 B 以后向 A 发送数据报时可从高速缓存读取。

　　主机 B 向主机 A 发送 ARP 应答分组，其中包括 IP 地址和对应的硬件地址。

　　为了方便理解 ARP 协议的工作原理，在 Packet Tracer 模拟器中搭建如图 5-21 所示拓扑。

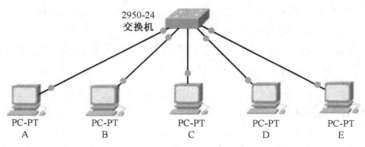

图 5-21　ARP 工作拓扑

　　首先，在主机 A 的命令行中输入"arp–a"命令查看其 ARP 高速缓存，结果如图 5-22 所示，ARP 缓存中无任务信息。

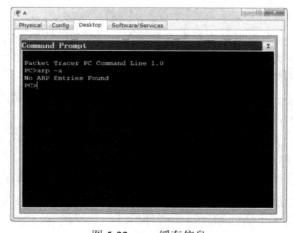

图 5-22　arp 缓存信息

把 Packet Tracer 模拟器切换到 Simulation 模式，发送一个简单 PDU，从主机 A 到主机 B，观察其动画效果，可以发现主机 A 发送了一个 ARP 广播报文，其他所有的主机都可以收到，如图 5-23 所示，广播报文的内容如图 5-24 所示。

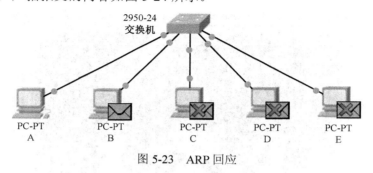

图 5-23　ARP 回应

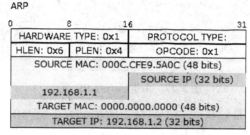

图 5-24　ARP 广播报文

从报文中看出，目的地 IP 地址是 192.168.1.2，目的地 MAC 未知，以零填充，源 IP 地址为 192.168.1.1，源 MAC 地址为 000C.CFE9.5A0C，其二层以太网帧如图 5-25 所示，目的地地址是一个全 1 的广播帧，目的地地址为 FFFF.FFFF.FFFF。

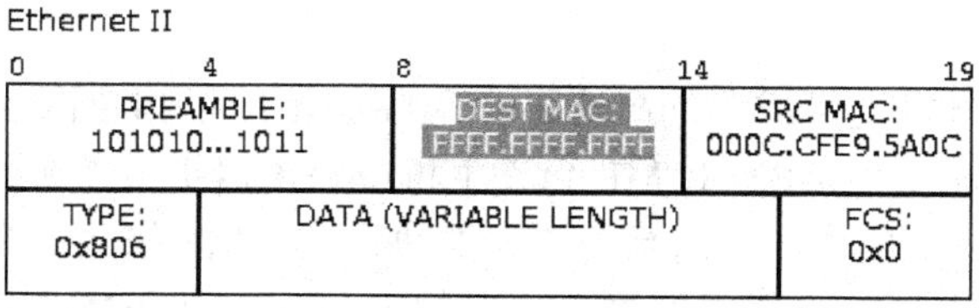

图 5-25　ARP 的以太网帧

其他主机收到广播保报文后都丢弃了报文，只有主机 B 做出了回应（因为 A 发送的 PDU 的目的 IP 地址是主机 B 的地址），主机 B 的 ARP 响应报文如图 5-26 所示。

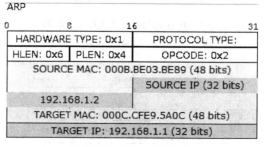

图 5-26　ARP 响应报文

通信结束后再次查看主机 A 的 ARP 缓存，如图 5-27 所示，主机 A 已经把主机 B 的 IP 地址与 MAC 地址的映射关系存储下来了。

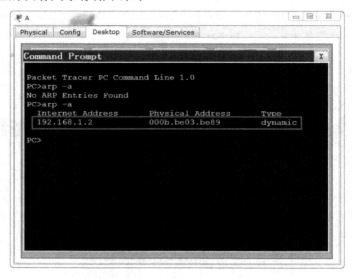

图 5-27　主机 A 的 ARP 缓存

应该注意的是，ARP 是解决同一个网络上的主机或路由器的 IP 地址和硬件地址的映射问题。如果所要找的主机和源主机不在同一个局域网上，那么就要通过 ARP 找到一个位于本局域网上的某个路由器的硬件地址，然后把分组发送给这个路由器，让这个路由器把分组转发给下一个网络。

5.4.3　ICMP 协议

为了提高 IP 数据报交付成功的机会，在网际层使用了因特网控制报文协议（Internet Control Message Protocol，ICMP）。ICMP 允许主机或路由器报告差错情况和提供有关异常情况的报告。ICMP 不是高层协议，而是网络层的协议。ICMP 报文作为 IP 层数据报的数据，加上数据报的首部，组成 IP 数据报发送出去，图 5-28 所示为 ICMP 报文格式。

图 5-28　ICMP 报文格式

ICMP 报文的种类有以下两种：

- ICMP 差错报告报文；
- ICMP 询问报文。

ICMP 报文的前 4 字节是统一的格式，共有类型、代码和检验和三个字段；接着的 4 字节的内容与 ICMP 的类型有关，ICMP 询问报文一般是询问和应答成对使用的。

ICMP 是 TCP/IP 协议族的消息协议。ICMP 提供控制和错误消息，由 ping 和 traceroute 实用程序使用。虽然 ICMP 使用 IP 数据报承载，但它实际上是 TCP/IP 协议族中独立的第三层协议。

PING（Packet InterNet Groper）用来测试两个主机之间的连通性。PING 使用了 ICMP 回送请求与回答报文。PING 是应用层直接使用网络层 ICMP 的例子，它没有通过传输层的 TCP 或 UDP。当网络中存在网关或防火墙时，由于其防护和数据包过滤功能，连通性测试结果可能不正确。

其正确实用格式为 ping <IP 地址>参数。

- -a：将目标主机标识转换为 IP 地址；
- -t：若使用者不人为中断，会不断 ping 下去；
- -n：count 要求 ping 命令连续发送数据包，直到发出并接收到 count 个请求。

为了验证 ICMP 报文的应用，搭建如图 5-29 所示的拓扑。

图 5-29 ICMP 测试拓扑

打开主机 A 的命令行，输入命令 ping 192.168.1.2，图 5-30 显示了主机发送 ping 包的过程，默认情况下，Windows 发送 4 个 ping 包来测试。

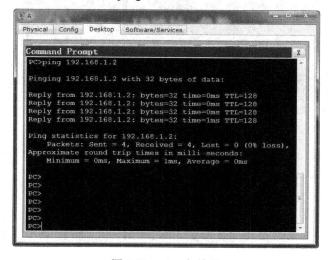

图 5-30 ping 包结果

把模拟器切换到 Simulation，单击 Capture/ Forward，打开 Info 下的颜色方框查看 ICMP

计算机网络原理与实践

与 IP 报文，如图 5-31 和图 5-32 所示所示。

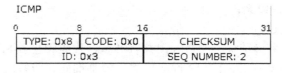

图 5-31　ICMP

IP 图

图 5-32　封装了 ICMP 的 IP 报文

把模拟器切换到实时模式，在主机 A 的命令行中输入命令 ping 192.168.1.2 –n 6 来验证参数的结果，结果如图 5-33 所示，主机一共发送了 6 个数据包。

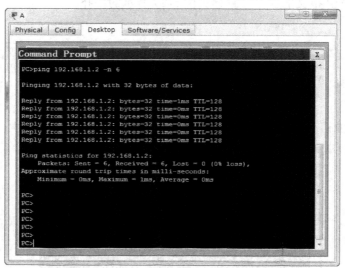

图 5-33　ping 命令参数演示结果

5.5.4　IGMP 协议

因特网组管理协议（Internet Group Management Protocol，IGMP）是在组播环境下使用的协议，IGMP 使用 IP 数据报传递其报文（即 IGMP 报文加上 IP 首部构成 IP 数据报），但它也向 IP 提供服务。

因特网支持两类组地址：永久组地址和临时组地址。

100

1. 永久组地址

永久组一直存在，每个组有一个永久组地址。例如，224.0.0.1 代表局域网中所有的系统；2224.0.0.2 代表局域网中所有的路由器；224.0.0.5 代表局域网中所有的 OSPF 路由器；224.0.0.9 代表局域网中所有 RIPv2 路由器。

2. 临时组地址

临时组在使用前必须先创建，一个进程可以要求其所在的主机加入或者退出该特定的组。当主机上的最后一个进程脱离组后，该组就不再在这台主机中出现。每个主机都要记录它的进程当前属于哪个组。

IGMP 分为以下两个阶段。

- 第一阶段：当某个主机加入新的多播组时，该主机应向多播组的多播地址发送 IGMP 报文，声明自己要成为该组的成员，本地的多播路由器收到 IGMP 报文后，将组成员关系转发给因特网上的其他多播路由器。
- 第二阶段：因为组成员关系是动态的，因此本地多播路由器要周期性地探询本地局域网上的主机，以便知道这些主机是否还继续是该组的成员，只要某个组有一个主机响应，那么多播路由器就认为这个组是活跃的。但一个组在经过几次的探询后仍然没有一个主机响应，则不再将该组的成员关系转发给其他的多播路由器。

图 5-34 显示了 IGMP 报文的结构。

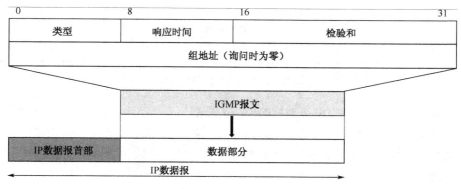

图 5-34　IGMP 报文格式

5.5.5　IPv6 协议

IP 协议是因特网中的关键协议。现在广泛使用的是 20 世纪 70 年代末设计的 IPv4，从计算机本身发展以及从因特网规模和网络传输速率来看，现在 IPv4 已很不适用，其中最主要的问题是 32 比特的 IP 地址空间已经无法满足迅速膨胀的因特网规模。

1. 解决 IP 地址耗尽问题的主要措施

- 采用无类别编址 CIDR，使 IP 地址的分配更加合理；

- 采用网络地址转换 NAT 方法以节省全球 IP 地址；
- 采用具有更大地址空间的新版本的 IP 协议 IPv6。

2. IPv6 所引进的主要变化

- 更大的地址空间：IPv6 将地址从 IPv4 的 32 bit 增大到了 128 bit；
- 灵活的首部格式：用以改进数据包的处理能力；
- 流标签功能：提供强大的 QoS 保障机制；
- 支持即插即用（即自动配置）和资源的预分配。

IPv6 将首部长度变为固定的 40 字节，称为基本首部（Base Header）。将不必要的功能取消，首部的字段数减少到只有 8 个；取消了首部的检验和字段，加快了路由器处理数据报的速度；在基本首部的后面允许有零个或多个扩展首部，所有的扩展首部和数据合起来叫作数据报的有效载荷（Payload）或净负荷，图 5-35 所示为 IPv6 首部格式。

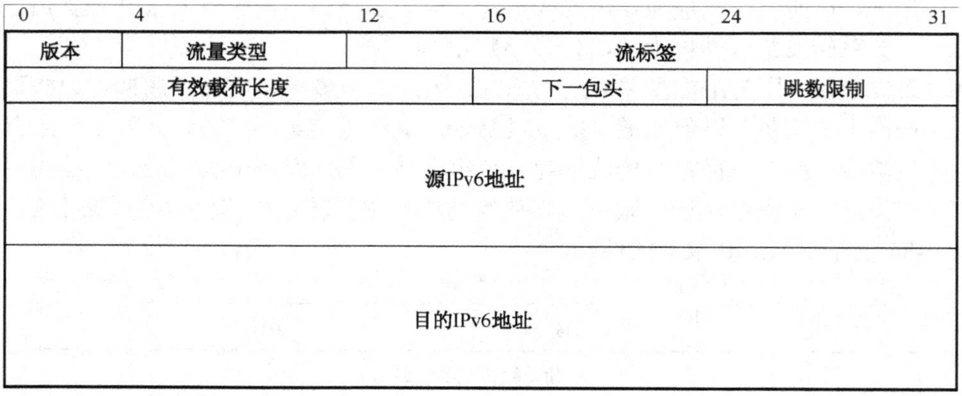

图 5-35　IPv6 首部格式

① 版本：4 比特，对于 IPv6，该字段的值为 6。

② 流量类型：8 比特，该字段以 DSCP 标记 IPv6 数据包，提供 QoS 服务。

③ 流标签：20 比特，用来标记 IPv6 数据的一个流，让路由器或者交换机基于流而不是数据包来处理数据。

④ 有效载荷长度：16 比特，用来表示有效载荷的长度，即 IPv6 数据包的数据部分。

⑤ 下一包头：8 比特，该字段定义了紧跟 IPv6 基本包头的信息类型。

⑥ 跳数限制：8 比特，用来定义 IPv6 数据包经过的最大跳数。

⑦ 源 IPv6 地址和目的 IPv6 地址：各为 128 比特，用来标识 IPv6 数据包发送和接收方的 IPv6 地址。

IPv6 的表示方法是：每个 16 bit 的值用十六进制值表示，各值之间用冒号分隔。例如，68E6:8C64:FFFF:FFFF:0:1180:960A:FFFF。

IPv6 地址可以使用零压缩（Zero Compression），即一连串连续的零可以用一对冒号所取代。FF05:0:0:0:0:0:0:B3 可以写成：FF05::B3。在一个 IPv6 地址中，零压缩只能使用一次。

IPv6 的设计可满足国际网络迅速膨胀的需求。但是，IPv6 的实施缓慢，目前 IPv4 网络还将延续一段时间。不过，IPv6 最终取代 IPv4 的必然趋势是不会改变的，IPv6 必将成为未来网络的国际协议。

5.5　复习题

1. 选择题

① 以太网的 MAC 地址长度为（　　）。

A. 4 位　　　　　　B. 32 位　　　　　　C. 48 位　　　　　　D. 128 位

② 在 OSI 参考模型中，网络层的主要功能是（　　）。

A. 在信道上传输原始的比特流

B. 确保到达对方的各段信息真确无误

C. 确定数据包从源端到目的端如何选择路由

D. 加强物理层数据传输能力

③ 下列不属于 TCP/IP 参考模型互连层协议的是（　　）。

A. ICMP　　　　　　B. ARP　　　　　　C. IP　　　　　　D. SNMP

④ 路由选择包括的两个基本操作分别为（　　）。

A. 最佳路径的判定和网内信息包的传送

B. 可能路径的判定和网间信息包的传送

C. 最优选择算法和网内信息包的传送

D. 最佳路径的判定和网间信息包的传送

⑤ IP 数据报经分段后进行传输，在到达目的主机之前，分段后的 IP 数据报（　　）。

A. 可能再次分段，但不进行重组

B. 不可能再次分段和重组

C. 不可能再次分段，但可能进行重组

D. 可能再次分段和重组

⑥ 在 Internet 中，路由器的路由表通常包含（　　）。

A. 目的网络和到达该网络的完整路径

B. 所有目的主机和到达该主机的完整路径

C. 目的网络和到达该网络的下一个路由器的 IP 地址

D. 互连网络中所有路由器的地址

⑦ 现代计算机网络通常使用的路由算法是（　　）。

A. 静态路由选择算法

B. 动态路由选择算法

C. 最短路由选择算法

D. 基于流量的路由选择算法

⑧ IP 数据报头中用于控制数据报分段和重组字段的是（　　）。

A. 标识字段、选项字段和分段偏移字段

B. 选项字段、标志字段和分段偏移字段

C. 标识字段、标志字段和分段偏移字段

D. 生命期字段、标志字段和分段偏移字段

⑨ ICMP 协议工作在 TCP / IP 协议栈的（　　　）。

A. 主机—网络层

B. 互连层

C. 传输层

D. 应用层

⑩ ARP 协议的主要功能是（　　　）。

A. 将 IP 地址解析为物理地址

B. 将物理地址解析为 IP 地址

C. 将主机域名解析为 IP 地址

D. 将 IP 地址解析为主机域名

2. 填空题

① 在 OSI 参考模型中，网络层的协议数据单元通常被称为＿＿＿＿＿＿。

② 在网络互连设备中，网络层实现互连的是＿＿＿＿＿＿＿，在数据链路层实现互连的是＿＿＿＿＿＿，在物理层实现互连的是＿＿＿＿＿＿。

③ 在数据报操作方式中网络节点要为每个数据报进行＿＿＿＿＿＿。

④ 在 OSI 参考模型的网络层，传输的 PDU 的首部有＿＿＿＿＿＿字节。

⑤ IPv6 把 IP 地址的长度增加到了＿＿＿＿＿＿比特，并且简化了报头首部格式，将字段数从 13 个减少到＿＿＿＿＿＿个。

3. 解答题

① 简述 IPv6 与 IPv4 相比 IPv6 的主要变化。

② 简述 IPv4 数据报的段结构中各个字段的名称及其含义。

③ 请叙述 ARP 协议的工作原理。

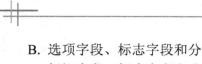

5.6　实践技能训练

实验　ping 技能训练

1. 实验简介

本练习将使用 ping 命令测试本地协议栈、ping 网关以及 ping 远程主机。网络的拓扑由教师给出，如图 5-36 所示。

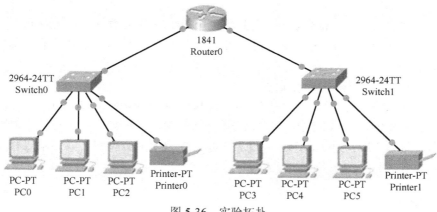

图 5-36 实验拓扑

2. 学习目标

● 观察 ping 命令在测试本地 TCP/IP 协议栈时的运行情况；
● 观察 ping 命令在 ping 本地默认网关时的运行情况；
● 观察 ping 命令在 ping 不同网段上的远程主机时的运行情况。

3. 实验任务与要求

① 进入模拟模式。

单击 Simulation（模拟）选项卡进入模拟模式；在 Event List Filters（事件列表过滤器）区域中，单击 Edit Filters（编辑过滤器）按钮，只选择 ICMP 事件。

② ping 本地环回。

从 PC0 的命令提示符窗口发出命令 ping 127.0.0.1 并按 Enter 键，最小化命令提示符窗口，应会显示第一个数据包。

单击 Event List（事件列表）中第一个数据包的彩色 Info（信息）正方形，以研究该数据包。

③ 逐步运行模拟。

单击 Capture/Forward（捕获/转发）按钮，第一个 ICMP 数据包将返回到 PC0，观察该过程并研究事件。

单击 Realtime（实时）选项卡进入实时模式，从 PC0 的命令提示符窗口发出命令 ping 10.0.0.254 并按 Enter 键，观察结果。

④ 在模拟模式中执行 ping。

单击 Simulation（模拟）选项卡进入模拟模式，从 PC0 的命令提示符窗口发出命令 ping 10.0.0.254 并按 Enter 键。

⑤ 研究第一个数据包

单击 Event List（事件列表）中第一个数据包的彩色 Info（信息）正方形，以研究该数据包。

⑥ 逐步运行模拟。

重复单击 Capture/Forward 按钮，直到第一个 ICMP 应答数据包成功返回 PC0，同时请观察该过程。通过 PDU Information（PDU 信息）窗口研究数据包在其传输过程中不同传输点的情况。

⑦ 测试到达远程主机，ping 远程主机。

从 PC0 的命令提示符窗口发出命令 ping 10.0.1.1 并按 Enter 键，最小化命令提示符窗口。

重复单击 Capture/Forward 按钮，直到第一个 ICMP 应答数据包成功返回 PC0，同时请观察该过程。通过 PDU Information（PDU 信息）窗口研究数据包在其传输过程中不同传输点的情况。

4. 实验拓展

① 查看 ICMP 数据包单位格式，要求截图保存。
② 了解 ICMP 报文中各个字段的含义。

第 6 章

网络地址 IPv4

【本章知识目标】

- 掌握二进制与十进制数值之间的转换方法
- 理解 IPv4 地址的编址结构
- 掌握 IPv4 地址的类型与特点
- 理解子网掩码的用途
- 掌握 ISP 可路由的 IPv4 地址与私有 IPv4 的范围
- 熟悉特殊 IPv4 地址的类型与结构

【本章技能目标】

- 能够正确配置网络中设备的 IPv4 地址
- 掌握 IPv4 地址中的网络号与主机号的二进制位分析方法
- 掌握在大型网络中正确配置路由与私有 IPv4 地址及子网掩码的方法

6.1　IPv4 网络地址

我们把整个因特网看成一个抽象的网络,IP 地址就是给因特网上的每个主机的接口分配的一个在全世界范围内唯一的 32 bit 的标示符。

要了解网络中设备的运作方式,就必须知道设备处理地址和数据方式:二进制方式。二进制表示仅用数字"0"和"1"表示信息。要知道,任何信息与文件在计算机内存储的方式就是二进制。例如,在键盘上输入任何汉字或者字母,在计算机内部以二进制形式存储,只是表示在屏幕上的时候,由 OSI 参考模型的表示层把内部的信息表示成人们可以读懂看懂的信息。计算机中的每一个字母都采用二进制表示方式,计算机使用美国信息交换码(ASCII)。

网络中的设备是以二进制的方式存储信息,但在以人为本的网络中,人们却很难读懂一连串的二进制信息,所以机器会把二进制的信息变成人们熟知的十进制数值。

6.1.1　数制转换

要掌握二进制与十进制之间的转换方法,首先必须了解数制的概念,表 6-1 显示了各种常用的进位制及表示。

表 6-1　常用进位制

进位计数制	基数	数码	权重	符号
二进制数	2	0、1	2^i	B
八进制数	8	0、1、2、3、4、5、6、7	8^i	O
十进制数	10	0、1、2、3、4、5、6、7、8、9	10^i	D
十六进制数	16	0、1、2、3、4、5、6、7、8、9、A、B、C、D、E、F	16^i	H

各种数制的表示如 100111O、1011D、1011001BH、1011DH、1011B、(100111)B、(780)D、(1289ABC)H 等。

在基数为 10 的数制系统中,权重是 10^i,在二进制中,使用基数 2,权重是 2^i。具体来说,数字代表的值等于该数字乘以他所在位的权重得到的积,把一个 r 进制的数转换成十进制的数用下面的公式表示。

$$d^n \cdots a^1 a^0 a^{-1} \cdots a^{-m}(r) = a \times r^n + \cdots + a \times r^1 + a \times r^0 + a \times r^{-1} + \cdots + a \times r^{-m}$$

式中,r 代表基数。

以十进制数 172 为例,1 表示的值是 1×10^2,1 位于我们通常称为百位的位置,7 表示 7×10^1,2 表示 2×10^0。所以在十进制数制系统中,使用计数法,172 表示为

$$172 = (1 \times 10^2) + (7 \times 10^1) + (2 \times 10^0)$$

举例:

$$10101(B)=1 \times 2^4+ 0 \times 2^3+1 \times 2^2+ 0\times 2^1 +1 \times 2^0=2^4+2^2+1=21$$
$$101.11(B)=2^2+1+2^{-1}+2^{-2}=5.75$$
$$101(O)=8^2+1=65$$
$$71(O)=7\times8+1=57$$
$$101A(H)=16^3+16+10=4106$$

把一个十进制的数转换成二进制的数，方法是：

● 整数部分——除以基数取余数，直到商为 0，余数从右到左排列；

● 小数部分——乘以基数取整数，整数从左到右排列。

例如，将一个十进制整数 108.375 转换为二进制整数，如图 6-1 所示。

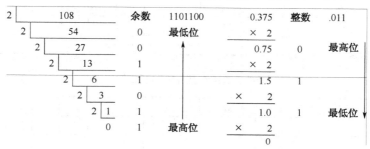

图 6-1　十进制转换成二进制

所以，最终结果 108.375=1101100.011（B）。

6.1.2　IPv4 地址剖析

在 IPv4 地址中，地址为 32 bit（4 字节），然而为了方便使用，IPv4 地址使用十进制数表示，中间用“.”分开，记作点分十进制，表示为“X.X.X.X”。这种表示方式首先使用句点将 32 位二进制模式按字节（8 bit）分开。

例如，机器中存放的 IP 地址是 32 bit 的二进制代码 10101100000100000111101011001100，我们把它每隔 8 bit 插入一个空格提高可读性，10101100　00010000　01111010　11001100，然后将每 8 bit 的二进制数转换成十进制数得到 172 16 122 204，采用点分十进制计法进一步提高可读性为：172.16.122.204，如图 6-2 所示。

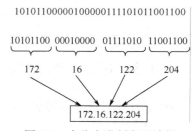

图 6-2　点分十进制表示过程

二进制转换成十进制具体转换计算过程如表 6-2～表 6-5 所示。

表 6-2　二进制数 10101100 的转换

十进制值	128	64	32	16	8	4	2	1
二进制位	1	0	1	0	1	1	0	0
权值	128	0	32	0	8	4	2	1
总和	128+0+32+0+8+4+2+1=172							

表 6-3　二进制数 00010000 的转换

十进制值	128	64	32	16	8	4	2	1
二进制位	0	0	0	1	0	0	0	0
权值	0	0	0	16	0	0	0	0
总和	0+0+0+16+0+0+0+0=16							

表 6-4　二进制数 01111010 的转换

十进制值	128	64	32	16	8	4	2	1
二进制位	0	1	1	1	1	0	1	0
权值	0	64	32	16	8	0	2	0
总和	0+64+32+16+8+0+2+0=122							

表 6-5　二进制数 11001100 的转换

十进制值	128	64	32	16	8	4	2	1
二进制位	1	1	0	0	1	1	0	0
权值	128	64	0	0	8	4	0	0
总和	128+64+0+0+8+4+0+0=204							

表 6-6 显示了 IPv4 地址 172.16.122.204 的各种表示方法，包括点分十进制表示法、二进制字节表示法和二进制表示法。

表 6-6　IPv4 地址表示

点分十进制表示法	172.16.122.204
二进制字节表示法	10101100　00010000　01111010　11001100
二进制表示法	10101100000100000111101011001100

6.1.3　IPv4 地址主机号与网络号

IPv4 地址是一种分层的地址结构，由网络号与主机号两部分组成，叫作两级 IP 地址，如图 6-3 所示。

Net_id（网络号）	Host_id（主机号）

图 6-3　两级 IP 地址结构

在 IP 地址两级结构中，要确定网络部分和主机部分，必须看 bit 位的二进制代码，而不是十进制数值。在 32 bit 中，部分 bit 组成网络号，部分 bit 组成主机号。

对于同一个网络中的设备，其网络号必须相同，而主机号则是唯一的。如果有两台设备的 IP 地址中网络部分相同，则可以判定这两台设备处于同一个网络。

110

6.1.4　IPv4 地址子网掩码

对于两级 IPv4 地址而言，如何判断 32 bit 的二进制位中哪部分是网络号，哪部分是主机号呢？这项工作是由子网掩码负责的。

在配置主机时，必须通知配置一个子网掩码。与 IP 地址一样，子网掩码也是 32 bit，子网掩码的表示方式一般情况是左边部分是 1，右边部分是 0，总共 32 bit。

将子网掩码与 IP 地址从左至右逐位进行比较，子网掩码中的 1 代表网络号，子网掩码中的 0 代表主机号，如图 6-4 所示。

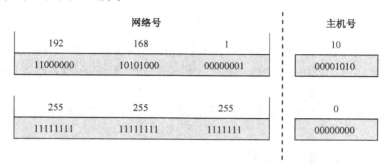

图 6-4　子网掩码示意

和 IPv4 地址类似，子网掩码也使用点分十进制表示。子网掩码与 IPv4 地址一起标识了主机所属的网络。表 6-7 显示了子网掩码中每个字节的可能的取值及其指定网络的网络号和主机号的位数。

表 6-7　子网掩码取值

子网掩码值（十进制）	子网掩码值（二进制）	网络部分位数	主机部分位数
0	0	0	8
128	10000000	1	7
192	11000000	2	6
224	11100000	3	5
240	11110000	4	4
248	11111000	5	3
252	11111100	6	2
254	11111110	7	1

6.1.5　ipconfig 命令

ipconfig 命令是一个非常实用的命令，可用来查看主机的 IP 地址，图 6-5 显示了 ipconfig 命令查看主机 IP 地址的配置结果。

图 6-5　ipconfig 命令查看结果

ipconfig 命令可以结合一些参数选项查看更加详细的信息，常用的命令如以下所述。

- ipconfig/all：当使用 all 的选项时，能够查看 dns 和 wins 服务器等详细配置信息；
- ipconfig/release：DHCP 客户端手工释放 IP 地址；
- ipconfig/renew：本地计算机向 DHCP 服务器动态申请地址。

6.2　IPv4 地址分类

6.2.1　传统 IPv4 地址类别

最初，IPv4 地址是按类编址的，这种编址体系结构叫作分类编址。在 IPv4 地址空间中，总共分成 A 类、B 类、C 类、D 类、E 类五类。每一类地址都有两个固定长度的字段（网络号和主机号），各类 IP 地址的网络号和主机号字段如图 6-6 所示。

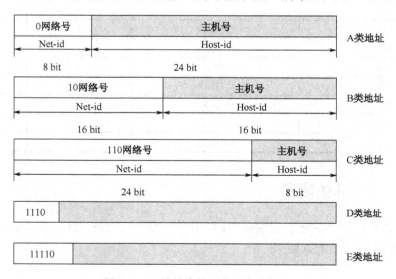

图 6-6　IP 地址中的网络号与主机号

- A 类地址：第一字节的十进制数值大小范围是 1～126，其网络号占 1 字节，主机号占 3 字节；
- B 类地址：第一字节的十进制数值大小范围是 128～191，其网络号占 2 字节，主机号占 2 字节；
- C 类地址：第一字节的十进制数值大小范围是 192～223，其网络号占 3 字节，主机号占 1 字节；
- D 类地址：前 4 比特是 1110，用于多播（又叫组播），一般是各种路由与交换协议工作时使用的地址；
- E 类地址：前 5 比特是 11110，科学研究用，目前没有其他用途。

常用的三类 IP 地址 A、B、C，一般给用户使用，默认情况下的子网掩码如表 6-8 所示。

表 6-8　ABC 三类 IP 地址默认子网掩码

	网络号（字节）	主机号（字节）	子网掩码（默认）
A 类	1	3	255.0.0.0
B 类	2	2	255.255.0.0
C 类	3	1	255.255.255.0

在 A 类地址中，共有网络数是 2^7-2 个（网络号是 0 的 IP 地址是保留地址，网络号为 127 开头的地址是回环测试地址，用来测试本主机内部进程之间的通信，一般情况下这两个地址是不给主机分配的），所以 A 类地址总共有 126 个。由于 A 类地址中主机号占 24 bit，所以 A 类地址理论上可以支持 $2^{24}-2$ 台主机（主机号 0 与主机号为全 1 的地址不可用，6.2.2 节将介绍）。

在 B 类地址中，共有网络数是 2^{14} 个，第一字节十进制数从 128 开头到 191 结束的都可用，所以 B 类最小的网络地址是 128.0.0.0，最大的网络地址是 191.255.0.0，每个网络理论上可以支持主机 $2^{16}-2$ 台。

在 C 类地址中，共有网络数是 2^{21} 个，C 类中最小的网络地址是 192.0.0.0，最大的网络地址是 223.255.255.0，每个网络理论上可以支持 2^8-2 台主机，即 254 台。

IP 地址的可用范围如表 6-9 所示。

表 6-9　IP 地址的可用范围

网络类别	最大网络数	第一个可用的网络号	最后一个可用的网络号	每个网络中最大的主机数／台
A	126	1	126	16 777 214
B	16 384（2^{14}）	128	191.255	65 534
C	2 097 152（2^{21}）	192.0.0	223.255.255	254

6.2.2　特殊的 IPv4 地址

在 IPv4 地址空间中，有一些特殊的 IP 地址是不能分配给某一台主机的，具体格式如表 6-10 所示。

表 6-10　特殊 IPv4 地址格式

IP 地址格式	网络号	主机号	表示含义
[网络号，0]	net_id	0	表示指定的网络地址
[网络号，<-1>]	net_id	全 1	广播地址
[127，主机号]	127	Host_id	本地回送地址
[0，0]	0	0	本网上的本主机
[0，主机号]	0	Host_id	本网上的某主机
[<-1>，<-1>]	全 1	全 1	有限广播地址

1．网络地址

网络地址是表示网络的一种形式。在 IPv4 地址中，第一个地址留作网络地址，其格式是主机号，是 0，即子网掩码中所有 0 bit 的对应位都是 0。该网络中所有的主机共用一个网络地址，网络地址用于表示网络，不能用于主机通信。

2．广播地址

IPv4 中的广播地址是特殊的 IP 地址，其格式是主机号为全 1（二进制比特位为全 1，非十进制数值），用于网络中的所有主机通信。如果 IPv4 数据报中的目的地 IP 地址是一个广播地址，则数据会发送给全网上所有的主机。为了验证广播过程，在 Packet Tracer 中搭建如图 6-7 所示拓扑，并将模拟器切换到 Simulation 模式，创建复杂 PDU，如图 6-8 所示，其目的地地址设置为 192.168.1.255（广播地址）。

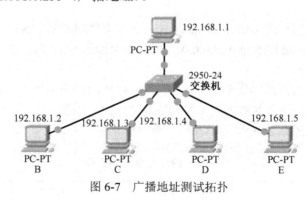

图 6-7　广播地址测试拓扑

单击 Capture Forward 观察结果，如图 6-9 所示，主机 A 发出的广播数据包，主机 B、C、D、E 都能收到。

3．回送地址

127 开头的 IP 地址用于网络软件测试。例如 127.0.0.1，一旦使用该地址发送数据，则立即返回给本主机。如图 6-10 所示，在主机命令行中输入命令 ping 127.0.0.1，则立刻收到了自己的回复。

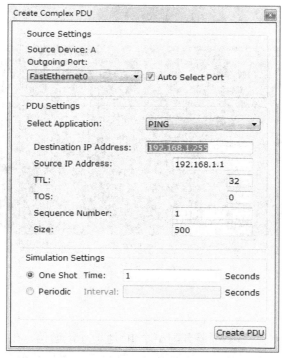

图 6-8　创建广播数据包

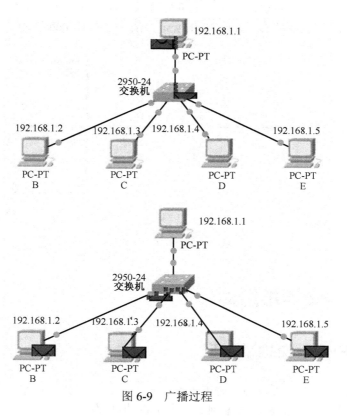

图 6-9　广播过程

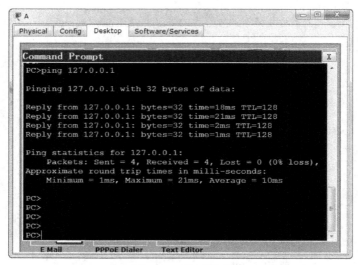

图 6-10 回环测试

4．主机地址

每一个终端设备工作时都必须要分配一个 IP 地址才能通信。在 IPv4 地址中，特殊的 IP 地址一般情况是不能分配给终端的，其他所有的地址都是可以给分配终端的（网络地址与广播地址之间的值）。在一个主机地址中，主机号可以是任何 0 与 1 的组合，但不能是全 0（网络地址）或者全 1（广播地址），如图 6-11 所示，所有主机都分配了合法的 IP 地址。

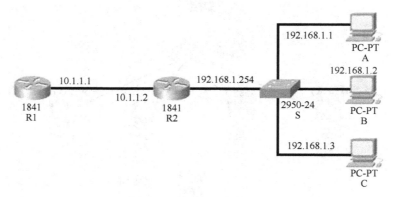

图 6-11 合法 IP 地址示例

6.3 IPv4 地址用途

6.3.1 IPv4 通信地址类型

在 IPv4 网络中，主机可以用三种方式来通信：单播、组播、广播。

● 单播：从一台主机发送数据到另一台主机的过程；

● 组播：从一台主机发送数据到一组选定主机的过程；
● 广播：从一台主机发送数据到所有主机的过程。

1. 单播通信

大多数网络都是单播通信，在客户端／服务器和点对点网络中，主机与主机之间的常规通信都使用单播形式。在单播通信中，IP 数据包中的源目 IP 地址都是正常的主机地址，如图 6-12 所示，主机 A 与 PDA 之间的通信就是属于单播通信。

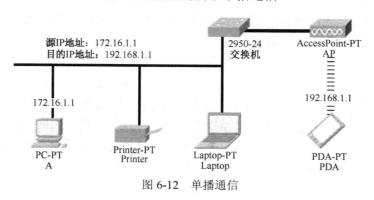

图 6-12　单播通信

2. 组播通信

组播传输可以很大程度上节省网络带宽，如电视传播就是组播的应用之一，它允许主机发送单个数据包到一组指定的主机，从而节省流量。组播在路由协议、交换协议、视频音频等范畴内应用较广，如图 6-13 所示，给出了动态路由协议 OSPF 中组播的应用。

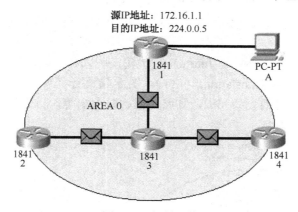

图 6-13　组播通信

在图 6-13 中，路由器 1～4 运行了路由协议 OSPF，当路由器 1 发送路由信息时，只有在运行路由协议的路由器 2、3、4 能够收到组播的路由信息，主机 A 不会收到信息。

3. 广播通信

广播是当网络中的主机发送数据包时，其他所有的主机都能收到的一种通信方式。发送广播时，IP 数据包中的目的地址是一个广播地址，即主机号为全 1。很多应用都使用了广播的方式进行通信，如 ARP 解析，DHCP 协议动态获得 IP 地址等。

6.3.2 公用地址与专用地址

1. 公用地址

IPv4 地址中大多数都是公有地址，用于访问 Internet 的网络，只有使用公用 IP 地址的数据包才能被 Internet 的路由器转发。公有地址一般情况由运营商等机构向 Internet NIC（Internet Network Information Center，因特网信息中心）申请，用户再向运营商租用。

2. 私有地址

私有地址又称为专用地址，专门保留给私有网络使用，这些地址只能用于一个机构的内部通信，而不能用于和 Internet 上的主机通信，专用地址只能用作本地地址而不能用作全球地址。Internet 中的所有路由器对目的地址是专用地址的数据报一律不进行转发，私有地址的地址空间如表 6-11 所示。

表 6-11 私有地址空间

网络类别	起始	结束
A	10.0.0.0	10.255.255.255
B	172.16.0.0	172.31.255.255
C	192.168.0.0	192.168.255.255

RFC1918 定义了私有地址，这些地址也称作 RFC1918 地址。位于不同网络中的主机可以使用相同的私有地址空间。当使用此类地址作为 IP 数据包中地址时是不能在 Internet 上传输的。

由于私有地址的数据包不能在 Internet 上传输，所以私有地址要上网时必须进行网络地址转换（Network Address Translation，NAT）。图 6-14 显示了私有地址转换的示意图，一般地址转换工作由网络边缘的设备完成，如路由器、防火墙等，目的是将 IP 数据包首部中的私有地址转换成公有地址。

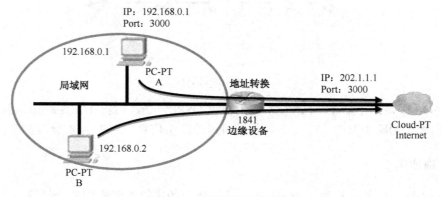

图 6-14 网络地址转换示意图

　　通过网络地址转换，私有网络可以与外部的网络进行通信。尽管 NAT 能够解决 IP 地址一些局限性的问题，但 NAT 最终还是没有办法解决 IP 地址不足的根本性问题。

6.4　复习题

1. 选择题

① IP 地址在计算机内存储时占（　　　）比特。

A. 4　　　　　　　　B. 32　　　　　　　　C. 48　　　　　　　　D. 128

② 下列属于 B 类 IP 地址的是（　　　）。

A. 128.2.2.10　　　B. 202.96.209.5　　　C. 20.113.233.246　　　D. 192.168.0.1

③ IP 地址中的高三位为 110 表示该地址属于（　　　）。

A. A 类地址　　　　B. B 类地址　　　　C. C 类地址　　　　D. D 类地址

④ C 类 IP 地址可标识的最大主机数是（　　　）。

A. 128　　　　　　B. 254　　　　　　C. 256　　　　　　D. 1024

⑤ IP 地址 129.222.11.1 的主机号是（　　　）。

A. 1　　　　　　　B. 129.222　　　　C. 11.1　　　　　　D. 222

⑥ 当一个 IP 分组在两台主机间直接交换时，要求这两台主机具有相同的（　　　）。

A. IP 地址　　　　B. 主机号　　　　C. 物理地址　　　　D. 网络号

⑦ 网络地址的作用是（　　　）。

A. 支持网络中所有主机的通信

B. 标识网络

C. 为网络中的主机提供入口

D. 支持单播通信

⑧ 下面哪个 IP 地址属于公有地址（　　　）。

A. 10.1.1.1　　　　　　　　　　　B. 192.168.101.101

C. 172.31.255.0　　　　　　　　　D. 193.16.1.1

⑨ 哪种 IPv4 地址让主机能够将消息发送给一组主机（　　　）。

A. 单播地址　　　B. 组播地址　　　C. 广播地址　　　D. 网络地址

⑩ 以下哪个是合法的可以分配给主机的 IP 地址（　　　）。

A. 205.256.102.43

B. 0.88.215.223

C. 11010100.01001011.10010111.10101011

D. 192.168.0.0

2. 填空题

① IPv4 地址由两部分组成，分别是_____和_____。

② IPv4 地址的三种通信类型分别是_____、_____和_____。

③ 在 IPv4 地址 128.1.2.3 中，网络号是＿＿＿＿＿＿＿，主机号是＿＿＿＿＿＿＿。

④ ＿＿＿＿＿＿＿＿＿负责说明一个 IPv4 地址的 32 bit 二进制位中哪部分是网络号，哪部分是主机号。

⑤ 在一个 IPv4 地址中，如果主机部分是全 0，那么它是一个＿＿＿＿＿＿；如果主机部分是全 1，那么它是一个＿＿＿＿＿＿。

3. 解答题

① 请计算十进制数 202 转化成二进制数后是多少。

② 叙述 IPv4 地址的分类及其各个类别的特点。

③ 列出 IPv4 地址中的私有地址范围，并说明其用途。

④ 根据 IP 地址合法性判断原则，判定下列 IP 地址的合法性，说明理由。

A. 17.0.1.0

B. 192.168.1.0

C. 172.168.1.1

D. 192.168.10.255

E. 160.160.160.0

F. 1.1.1.1

G. 127.1.2.3

H. 202.119.256.1

6.5 实践技能训练

实验一　IP 地址安排与子网掩码验证

1. 实验简介

本练习将使用 Packet Tracer 搭建如图 6-15 所示拓扑，给拓扑中的终端设备分配 IP 地址，并且观察 IP 地址的合法性。

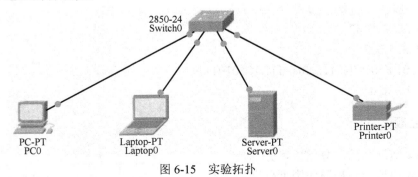

图 6-15　实验拓扑

2. 学习目标

- 能够掌握三类常用 IP 地址的配置方法。
- 观察 IP 地址网络号与主机号的差别。
- 观察配置的 IP 地址与之配套的默认子网掩码的特征。

3. 实验任务与要求

（1）按图 6-14 所示方法搭建实验拓扑

① 添加一台型号为 2950-24 的交换机。
② 分别添加终端设备：台式机、笔记本电脑、服务器、打印机。
③ 用合适的线缆链接设备。

（2）IP 地址安排

① 用合适的方法给台式机 PC0 分配一个私有 IP 地址 10.0.0.1，观察其生成的默认子网掩码是什么？写出此 IP 地址的网络号与主机号。
② 用合适的方法给笔记本 Laptop0 分配私有 IP 地址中 B 类的最小的 IP 地址，观察其生成的默认子网掩码是什么？写出此 IP 地址的网络号与主机号。
③ 用合适的方法给服务器 Servero0 分配私有 IP 地址中 C 类的最大的 IP 地址，观察其生成的默认子网掩码是什么？写出此 IP 地址的网络号与主机号。
④ 给打印机分配一个共有的 IP 地址（类别不限），观察其默认的子网掩码。写出此 IP 地址的网络号与主机号。

4. 实验拓展

① 写出以上给 4 台终端设备分配的 IP 地址所在的网络地址与广播地址。
② 把终端设备的 IP 地址换成网络地址与广播地址，结果如何？

实验二　单播、组播与广播通信

1. 实验简介

网络中大多数通信都采用单播方式。如果 PC 发送 ICMP 回应请求到远程路由器，IP 数据包报头中的源地址是 PC 的 IP 地址，而目的 IP 地址则是路由器接口的 IP 地址。数据只发送到预定目的地。

使用 ping 命令或 Packet Tracer 的 Add Complex PDU（添加复杂 PDU）功能，可以直接 ping 广播地址。路由器使用 RIP（路由信息协议）定期交换路由器之间的路由信息。RIP 第 1 版定期广播更新信息到为 RIP 配置的每个接口，RIP 第 2 版定期组播更新信息到为 RIP 配置的每个接口，这些数据包被发送到组播地址 224.0.0.9。虽然其他设备也会收到这些数据包，

计算机网络原理与实践

但在第三层，除了支持 RIP 第 2 版的路由器之外，其他设备都会丢弃这些数据包，而不会进一步处理。本实验将研究单播、广播和组播行为，网络拓扑由教师给出，如图 6-16 所示。

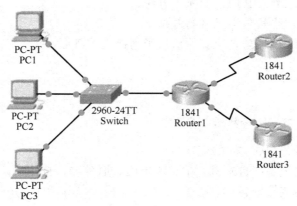

图 6-16　实验拓扑

2. 学习目标

① 验证设备之间连通性。
② 学会模拟模式的使用方法，能观察数据包的动作。
③ 能够创建复杂的 PDU 并进行测试。

3. 实验任务与要求

（1）验证连通性

在 PC1 的命令行中输入命令 ping 10.0.3.2。ping 应该会成功，观察结果。

（2）设置使用模拟模式

单击 Simulation（模拟）选项卡进入模拟模式，恢复 PC1 窗口，输入命令 ping 10.0.3.2，最小化 Command Prompt（命令提示符）窗口。

设置事件列表过滤器，我们只需要捕获 ICMP 和 RIP 事件。在 Event List Filters（事件列表过滤器）区域中，单击 Edit Filters（编辑过滤器）按钮，只选择 ICMP 和 RIP 事件。

（3）研究通信类型

① 研究单播通信。

PC1 上的 PDU 是发往 Router3 的串行接口的。单击 Capture/Forward 按钮，同时观察回应请求发送到 Router3 的过程以及应答发送回 PC1 的过程。

在 Simulation Panel Event List 区域，单击最后一列包含的一个彩色框 Info，打开 PDU Information（PDU 信息）窗口。

观察 IP 数据包格式，源 IP 地址和目的 IP 地址都是指向 PC1 和 Router3 的串行接口的单播地址。

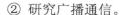

② 研究广播通信。

单击 Add Complex PDU（添加复杂 PDU）按钮。单击 PC1 以用作此测试报文的源。为目的地址输入广播地址 255.255.255.255，单击 Create PDU（创建 PDU）按钮。单击 Capture/Forward 按钮观察广播过程，目的 IP 地址 255.255.255.255 是 IP 广播地址。

③ 研究组播通信。

再次单击 Capture/Forward 按钮。三个 RIP 第 2 版数据包将会出现在 Router1 上，等待组播出每个接口。

打开 PDU Information 窗口，研究这些数据包的内容，然后再次单击 Capture/Forward 按钮。数据包将发送到三台主机。主机将拒绝并丢弃数据包。

研究所有 RIPv2 事件的第三层、第四层和第七层信息。请注意，目的 IP 地址 224.0.0.9 是 RIPv2 路由器的 IP 组播地址。

4. 实验拓展

① 查看 RIP 组播数据包中的各个字段的信息，找出协议字段的值。

② 列出实验中所有使用到的 IP 地址，分析其类别与特点，写出其网络号与主机号并分析每个网络的网络地址与广播地址。

第 7 章

IPv4 编址

【本章知识目标】

- 熟悉静态地址与动态地址的差别
- 理解三级 IPv4 地址的编址结构
- 理解三级 IPv4 地址中子网掩码的用途
- 理解网络前缀与超网的概念
- 掌握变长子网掩码 VLSM 的用途
- 了解无类别域间路由 CIDR 的作用

【本章技能目标】

- 掌握在 Packet Tracer 仿真模拟器中分配静态与动态地址的方法
- 能够根据需求正确进行网络规划
- 能够设计分层的 IPv4 编址方案
- 掌握路由表优化方法 CIDR

7.1　网络地址规划

任何企业或者高校的网络运作，都需要 IP 地址的支持。在企业或者高校中如何合理的分配 IP 地址是一个非常重要的工作，需要合理设计。网络管理人员不能随意的分配 IP 地址，也不能随机分配。

给一个企业规划 IP 地址必须考虑的几个问题是：

- 防止 IP 地址的重复使用从而导致冲突；
- 网络的可维护性与可扩展性；
- 基于 IP 地址的安全性能；
- 支持网络服务质量（QoS）。

为一个企业规划网络时需要考虑很多方面，也有很多方法可以分配地址。例如，可以按照地理位置信息来分配地址，或者按照用户的类型来分配地址，再或者按照业务类型来分配，但分配的原则都是一致的。

1. 防止 IP 地址的重复使用从而导致冲突

在一个企业中，任何网络地址是不能重复使用的（网络地址相当于地图上的道路名称，试想如果有两条道路的名字相同，那么行人就没办法做出判断）；而在同一个网络中，在任何主机的 IP 地址中，网络号相同，而主机号是不能相同的，否则就会产生冲突，其中一台主机就无法通信。

2. 网络的可维护性与可扩展性

在规划一个网络时必须要考虑的问题是网络今后是不是容易管理，一个新的网络管理员是否能够立刻了解网络的架构。如果 IP 地址分配杂乱无章，会给网络管理员的工作带来巨大的麻烦。

作为一个企业，在经营范围与规模方面肯定避免不了扩展，那么如果初期的网络规划合理，网络就很容易扩展，否则就会给企业的发展带来巨大的影响。

3. 基于 IP 地址的安全性能

一般企业都会在网络的边缘放置安全设备，如防火墙、出口网关、网页防火墙等。需要监控整个网络中的异常情况，如果有异常情况，安全设备就会根据数据报中的 IP 地址进行判断。如果 IP 地址分配杂乱，则无法根据 IP 地址来快速定位问题的所在。

对于一个企业中的服务器资源，需要提供给内部与外部用户访问。那么设置访问的权限就可以根据网络层 IP 数据报中的源目 IP 地址来设置。如果网络规划时给服务器的地址分配的不合理，或者说是随机分配的，就很难防止外来用户或者不合法用户对服务器的访问，客户也无法定位并从该服务器获取相关资源。

4. 支持 QoS

网络服务质量（QoS）是大型企业网络中需要考虑的重要问题。如何保证企业中的关键业务取得优先权限，例如，需要保证企业中语音数据的优先发送，这就是 QoS。而 QoS 的部署一般情况都是基于 IP 地址设置的，如果 IP 地址分配不合理，就没有办法根据 IP 地址来部署，就会严重影响企业网络的性能。

7.2 设备地址选择

在一个企业的网络内，在分配 IP 地址时会考虑到多种情况，比如网络中的地址可以动态分配给用户，也可以静态设定，可以按照 IP 地址的类别分配给不同的用户，可以根据设备的不同特点与作用分配给用户等。

7.2.1 静态地址分配

当采用静态分配 IP 地址时，网络管理员必须给设备设置以下几个参数：IP 地址、子网掩码、默认网关，DNS 服务器地址等。如图 7-1 所示，就是在 Packet Tracer 中给一台 PC 设置静态地址的界面，各个参数都是手工输入的。

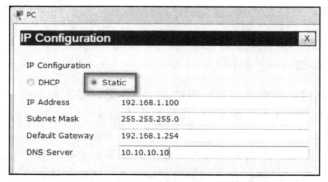

图 7-1　静态分配 IP 地址

在设置静态地址时，网络管理员必须知道网络中的各种参数，比如网关的地址、DNS 服务器的地址等。静态地址一般会分配给一些固定的服务器使用，比如域名服务器、Web 服务器、打印机等设备，如果服务器的地址经常改变，就会导致一些功能不能正常使用。

与动态地址相比，静态地址有其自身的优点。但对于大规模的局域网来说，要静态分配 IP 地址会是一件非常耗时的事情，而且分配用户的数量越多，越容易出错（如重复使用，输入错误等），所以在分配静态地址时一般都需要做好文档记录，列出分配清单。

7.2.2 动态地址分配

由于静态管理 IP 地址工作量繁重，而且容易出错，在大型网络中，通常使用动态主机配置协议（Dynamic Host Configuration Protocol，DHCP）为终端设备分配地址。

　　DHCP 协议可以给用户自动分配 IP 地址、子网掩码、默认网关和 DNS 等信息。在大型网络中 DHCP 协议是给用户分配 IP 地址的首选方法，而且网络管理员可以结合 DHCP 协议做各种安全策略，比如 ARP 攻击检测，IP 合法性检测等。图 7-2 显示了客户主机 A 通过 DHCP 服务器获得地址的界面。

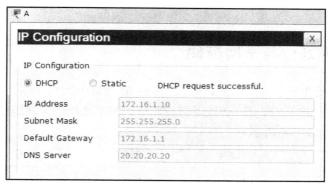

图 7-2　动态分配 IP 地址

7.3　子网划分

　　在 ARPANET 的早期，IP 地址的设计确实不够合理，比如 A 类的 IP 地址，默认情况子网掩码是 255.0.0.0，主机位占 3 字节，那么一个网络总共可以容纳 16 777 214（$2^{24}-2$）台主机；B 类的 IP 地址默认情况可以支持 65 534（$2^{16}-2$）台主机，试问有哪个网络能有这么多台主机？IP 地址设计的不合理之处主要体现在以下几个方面：

- IP 地址空间的利用率有时很低；
- 给每一个物理网络分配一个网络号会使路由表变得太大，因而使网络性能变坏；
- 两级的 IP 地址不够灵活。

7.3.1　三级 IP 地址

　　从 1985 年起在 IP 地址中又增加了一个"子网号字段"，使两级的 IP 地址变成为三级的 IP 地址，如图 7-3 所示。

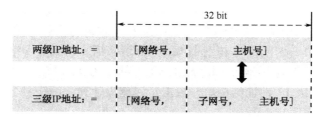

图 7-3　三级 IP 地址

　　值得说明的是：三级 IP 地址中的子网号字段并不是新增的，而是从主机域中借用若干比特作为子网号 Subnet-id，而主机号 Host-id 也就相应减少了若干比特。

三级 IP 地址中借用的子网部分有以下几个特点：

● 子网位从主机域的最左边开始连续借用；

● 子网号在网外是不可见的，仅在子网内使用；

● 子网号的位数是可变的，为了反映有多少位用于表示子网号，采用子网掩码（Subnet Mask）。

7.3.2 子网划分与子网掩码

第 6 章我们已经介绍了常用的 A、B、C 三类 IP 地址的默认子网掩码，三级 IP 地址中的子网掩码同样也是 32 比特，在 32 位子网掩码中，网络地址、子网地址部分为"1"，对应主机部分为"0"，如图 7-4 所示。

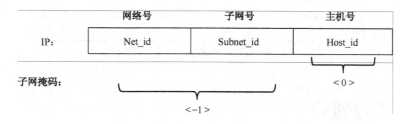

图 7-4 三级 IP 地址子网掩码

三级 IP 地址中的网络地址 = 子网掩码与 IP 地址做逻辑"与"运算。

1. 逻辑与（AND）

逻辑与（AND）运算是数学运算中的逻辑运算，另外两种分别是逻辑或（OR）和逻辑非（NOT）。而三级 IP 地址中的网络号就是通过逻辑与运算得到的。逻辑运算 AND 是计算两个二进制位的运算，结果如下：

$$1 \text{ AND } 1 = 1$$
$$1 \text{ AND } 0 = 0$$
$$0 \text{ AND } 1 = 1$$
$$0 \text{ AND } 0 = 0$$

2. 与运算过程

IP 地址 172.16.1.1 和子网掩码 255.255.255.0 做逻辑与运算的过程如图 7-5 所示。前 24 比特，子网掩码为 1，这些位与 IP 地址做 AND 运算后，得到了网络地址。

172.16.1.1 是一个 B 类地址，默认情况下网络号为 172.16，主机号为 1.1，网络地址为 172.16.0.0。采用三级 IP 地址结构后，根据子网掩码计算，网络号变成了 172.16.1，主机号为 1，网络地址为 172.16.1.0。

十进制				
	172	16	1	1	IP地址
AND	255	255	255	0	子网掩码
	172	16	1	0	网络地址

二进制				
	10101100	00010000	00000001	00000001	IP地址
AND	11111111	11111111	11111111	00000000	子网掩码
	10101100	00010000	00000001	00000000	网络地址

图 7-5　逻辑与运算

7.3.3　子网的规划设计

在设计选择子网划分方案时，必须考虑以下 5 个问题：

① 该网络内将划分几个子网？
② 在该子网划分中，子网掩码是多少位？
③ 每个子网有多少台有效主机？
④ 每个有效的子网地址是什么？
⑤ 每个子网的广播地址是什么？

1. 子网数目计算

子网数用公式 $N = 2^X$ 来计算。X 是被占用的表示子网比特的数目，或者说 1 的个数。例如，一个 C 类的 IP 地址 192.168.1.1，它对应的子网掩码是 255.255.255.192，那么对于这个 IP 地址而言，本来主机号占 8 比特，而根据新的子网掩码，有 2 比特被占用成了子网号，如图 7-6 所示。

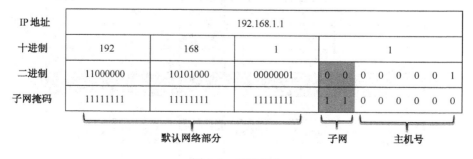

图 7-6　子网划分

在二进制数中，2 比特共有 4 种组合方式：00、01、10、11，所以用 2 比特表示子网，就划分了 4 个子网。同样道理，如果用 3 比特表示子网，那么共有组合方式为 000、001、

010、011、100、101、110、111，即 $2^3 = 8$，这是数学中排列组合的计算方法。

2．子网掩码

一般情况下，子网掩码的分配是根据子网的数目来确定的，规则是对应的网络部分、子网部分为"1"，对应主机部分为"0"。如子网掩码部分为 1100000，则十进制数值为 128+64 = 192，子网掩码的点分十进制数值为 255.255.255.192。

3．主机数目计算

每个子网的主机数目用公式 $M = 2^Y-2$ 来计算。Y 是未被占用的比特数目，或者说 0 的个数。如图 7-6 所示，最后一字节中有 2 比特被占用作了子网号，剩下 6 比特为主机号。6 比特的主机号可以表示 2^6 种组合，但是主机号是不能为全 0 或者全 1 的（全 0:000000，表示网络地址；全 1:111111，表示广播地址），所以需要减 2。有效的主机是两个子网之间去掉"全 0"和"全 1"的数。

4．子网地址计算

每个子网地址是指每个子网中主机号是 0 的地址，划分了几个子网，就有几个子网地址。对于 192.168.1.1 与 255.255.255.192 这样的划分，总共划分了 4 个子网，每个子网的地址如图 7-7 所示。

子网1	192	168	1		0							
	11000000	10101000	00000001	0	0	0	0	0	0	0	0	0
	11111111	11111111	11111111	1	1	0	0	0	0	0	0	0
	网络			子网		主机号						
子网2	192	168	1		64							
	11000000	10101000	00000001	0	1	0	0	0	0	0	0	0
	11111111	11111111	11111111	1	1	0	0	0	0	0	0	0
	网络			子网		主机号						
子网3	192	168	1		128							
	11000000	10101000	00000001	1	0	0	0	0	0	0	0	0
	11111111	11111111	11111111	1	1	0	0	0	0	0	0	0
	网络			子网		主机号						
子网4	192	168	1		192							
	11000000	10101000	00000001	1	1	0	0	0	0	0	0	0
	11111111	11111111	111111 11	1	1	0	0	0	0	0	0	0
	网络			子网		主机号						

图 7-7　子网地址

对于子网数目比较多的划分情况，分析与计算二进制会显得比较麻烦，这里给出计算子网地址的简单方法。首先计算地址基数：基数 = 256 −子网掩码。如子网掩码的十进制数值为 192，基数 = 256-192 = 64，子网地址为在对应子网地址字节中 $N \times$ 基数。对于上面的例子，子网地址对应字节中的值应该为 64 的 0 倍、1 倍、2 倍与 3 倍。所以 4 个子网地址可以直接写出：192.168.1.0，192.168.1.64，192.168.1.128，192.168.1.192。

对于 C 类网络的子网划分情况如表 7-1 所示。

表 7-1　C 类网络子网划分

C 类网络的子网划分			
比特	子网掩码	子网	主机
1	255.255.255.128	2	126
2	255.255.255.192	4	62
3	255.255.255.224	8	32
4	255.255.255.240	16	14
5	255.255.255.248	32	6
6	255.255.255.252	64	2

5. 广播地址计算

每个子广播地址是指每个子网中主机号是"全 1"的地址，划分了几个子网，就有几个广播地址。对于 192.168.1.1 与 255.255.255.192 这样的划分，总共划分了 4 个子网，每个子网对应的广播地址如图 7-8 所示。

图 7-8　广播地址

131

广播地址中所有的主机号为 1，直接在下一个子网之前的数。

某单位申请了一个 C 类地址 61.4.1.0，现在决定在主机字段借用 3 位作为子网号，剩下 5 位作为主机号，这样该单位最多可以划分 8 个子网（$2^3=8$），每个子网有 30 台主机可以分配（$2^5-2=30$）。

如图 7-9 所示，展示了 IP 地址与子网掩码的分配方法。第一个子网的子网号为 000，第二个子网的子网号为 001，第三个子网的子网号为 010，子网掩码都是 11100000，十进制数值是 224，点分十进制数值是 255.255.255.224。

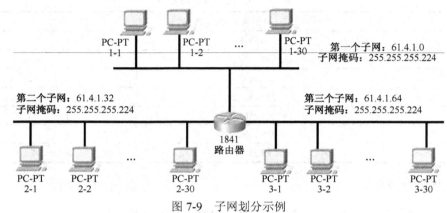

图 7-9 子网划分示例

【例题 7-1】 设有一个网络地址为 172.16.0.0，要在此网络中划分 16 个子网，试问：

① 需要多少位表示子网？
② 子网掩码的点分十进制数值是多少？
③ 每个子网地址是什么？
④ 每个子网的有效主机有多少？
⑤ 广播地址又是多少？

解答：

① 子网数=$2^x=16$，则 $X=4$，需借用 4 位表示子网。

② 由网络地址可知，这是一个 B 类网络，网络地址和主机地址各占 16 比特，子网掩码为 255.255.0.0。划分子网后，又使用主机地址部分的最高 4 位表示子网，则其对应十进制数值为 $128+64+32+16=240$，网络掩码为 255.255.240.0。

③ 子网基数 $=256-240=16$，$N=0\sim15$，则子网地址如表 7-2 所示。

表 7-2 网络地址

序号	子网地址	子网对应字节	序号	子网地址	子网对应字节
1	172.16.0.0	16×0	9	172.16.128.0	16×8
2	172.16.16.0	16×1	10	172.16.144.0	16×9
3	172.16.32.0	16×2	11	172.16.160.0	16×10
4	172.16.48.0	16×3	12	172.16.176.0	16×11
5	172.16.64.0	16×4	13	172.16.192.0	16×12
6	172.16.80.0	16×5	14	172.16.208.0	16×13
7	172.16.96.0	16×6	15	172.16.224.0	16×14
8	172.16.112.0	16×7	16	172.16.240.0	16×15

④ 每个子网内表示主机的地址位为 12 位，则子网内有效主机数为 $2^{12}-2=4\ 094$，网络内总的主机数为 4 094×16=65 504。

⑤ 广播地址为主机号“全 1”的地址，具体结果如表 7-3 所示。

表 7-3　广播地址

序号	子网地址	广播地址	序号	子网地址	广播地址
1	172.16.0.0	172.16.15.255	9	172.16.128.0	172.16.143.255
2	172.16.16.0	172.16.31.255	10	172.16.144.0	172.16.159.255
3	172.16.32.0	172.16.47.255	11	172.16.160.0	172.16.175.255
4	172.16.48.0	172.16.63.255	12	172.16.176.0	172.16.191.255
5	172.16.64.0	172.16.79.255	13	172.16.192.0	172.16.207.255
6	172.16.80.0	172.16.95.255	14	172.16.208.0	172.16.223.255
7	172.16.96.0	172.16.111.255	15	172.16.224.0	172.16.239.255
8	172.16.112.0	172.16.127.255	16	172.16.240.0	172.16.255.255

【例题 7-2】 设有一个网络地址为 204.1.16.0，此网络地址相应的子网掩码为 255.255.255.192，试问：

① 此网络被划分了多少个子网？

② 每个子网地址是什么？

③ 每个子网的有效主机有多少？

④ 第二个子网的广播地址是多少？

解答：

① 由网络地址可知，这是一个 C 类网络，网络地址占 3 字节，主机地址占 1 字节，子网掩码为 255.255.255.192，把网络地址与子网掩码化成二进制比较，如图 7-10 所示。

<table>
<tr><td colspan="8">204</td><td colspan="8">1</td><td colspan="8">16</td><td colspan="8">0</td></tr>
<tr><td>1</td><td>1</td><td>0</td><td>0</td><td>1</td><td>1</td><td>0</td><td>0</td><td>0</td><td>0</td><td>0</td><td>0</td><td>0</td><td>0</td><td>0</td><td>1</td><td>0</td><td>0</td><td>0</td><td>1</td><td>0</td><td>0</td><td>0</td><td>0</td><td>0</td><td>0</td><td>0</td><td>0</td><td>0</td><td>0</td><td>0</td><td>0</td></tr>
<tr><td colspan="8">255</td><td colspan="8">255</td><td colspan="8">255</td><td colspan="8">192</td></tr>
<tr><td>1</td><td>1</td><td>1</td><td>1</td><td>1</td><td>1</td><td>1</td><td>1</td><td>1</td><td>1</td><td>1</td><td>1</td><td>1</td><td>1</td><td>1</td><td>1</td><td>1</td><td>1</td><td>1</td><td>1</td><td>1</td><td>1</td><td>1</td><td>1</td><td>1</td><td>1</td><td>0</td><td>0</td><td>0</td><td>0</td><td>0</td><td>0</td></tr>
<tr><td colspan="24">网络</td><td colspan="2">子网</td><td colspan="6">主机</td></tr>
</table>

图 7-10　地址比较

从图中可以看出，子网掩码中“1”对应部分为网络地址，即从主机域中借用了 2 比特作为子网号，所以子网个数 $=2^X=2^2=4$。

② 首先算出，基数 $=256-192=64$，子网地址为 204.1.16.0、204.1.16.64、204.1.16.128、204.1.16.192。

③ 每个子网内表示主机的地址位为 6 位，则子网内有效主机数为 $2^Y-2=2^6-2=62$，网络内总的主机数为 $62\times4=248$。

④ 第二个子网为 204.1.16.64，其所在网络的广播地址分析如图 7-11 所示。

第二个子网对应的两位子网号部分为“01”，把主机号置为“全 1”，得到广播地址

204.1.16.127。

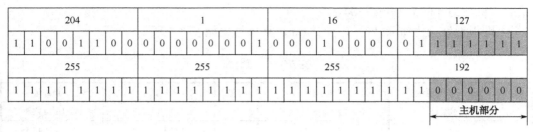

图 7-11   广播地址计算

7.3.4   网络前缀

子网掩码用来确定一个 IP 地址中网络部分与主机部分，而子网掩码的表示通常是一种比较烦琐的方式。

网络前缀（Network-prefix）是表示子网掩码的另外一种方法，指示的是子网掩码中"1"的位数，使用斜杠表示法，用符号"/"表示，后面紧跟着 1 的位数。例如，子网掩码为255.255.255.128，化成二进制后有 25 个 1，因此，前缀长度为 25，表示为"/25"。前缀和子网掩码都是用来说明一个网络地址中的网络部分的，指示两种不同的表示方法。表 7-4 显示了网络地址 192.168.1.0 不同前缀的子网掩码与前缀表示方式。

表 7-4   前缀表示方式

前缀表示方式	网络地址	子网掩码
192.168.1.0/24	192.168.1.0	255.255.255.0
192.168.1.0/25	192.168.1.0	255.255.255.128
192.168.1.0/26	192.168.1.0	255.255.255.192
192.168.1.0/27	192.168.1.0	255.255.255.224
192.168.1.0/28	192.168.1.0	255.255.255.240
192.168.1.0/29	192.168.1.0	255.255.255.248
192.168.1.0/30	192.168.1.0	255.255.255.252
192.168.1.0/31	192.168.1.0	255.255.255.254
192.168.1.0/32	192.168.1.0	255.255.255.255

7.4   超网（Supernetting）

子网划分能够有效使用 IP 地址从而避免浪费地址，然而子网划分没有解决根本问题，许多大型的企业或者网络机构需要 IP 地址的数量庞大，C 类的地址无法满足其要求，而 B 类地址到目前为止已经分配完毕。因此人们发展了超网技术。

超网是一种用于从小地址类型产生大型网络的重要方法，例如，某企业需要规划网络，网络容量至少支持 10 000 台主机，然而申请不到 B 类地址，就需要配置超网来满足需求。

① 理想的情况下，需要主机位数 14 位来支持 10 000 台主机。

$$2^{14} = 16\ 384 \geqslant 10\ 000 \geqslant 2^{13} = 8\ 192$$

② C 类网的地址前缀与主机位数关系如图 7-12 所示。

前缀		主机位数	
11111111	11111111	1 1 0 0 0 0 0 0 0 0 0 0 0 0 0 0	
255	255	192	0

图 7-12　前缀与主机位数

此子网掩码可以用于连续的 C 类地址。所以需要申请一组连续的 C 类网络，它们的前 18 位相同即可。与此子网掩码结合在一起，就得到了一个超网，如图 7-13 所示。

起始 C 类：	110xxxxx	xxxxxxxx	xx000000	00000000
结束 C 类：	110xxxxx	xxxxxxxx	xx111111	00000000

图 7-13　连续 C 类地址

可以看出，第 3 个字节后 6 比特提供 64 个 C 类地址，允许 64 × 254 = 16 256 个不同的主机接入网络。所以只要申请 64 个连续的 C 类地址，每个地址的前 18 比特相同即可。

7.5　VLSM 与 CIDR

划分子网在一定程度上缓解了因特网在发展中遇到的困难。1992 年，因特网仍然面临以下三个必须尽早解决的问题，

- B 类地址在 1992 年已分配了近一半，很快就要全部分配完毕；
- 因特网主干网上的路由表中的项目数急剧增长（从几千个增长到几万个，截至 2014 年年底，因特网路由表条目已经达到 50 万条）；
- 整个 IPv4 的地址空间最终将全部耗尽。

7.5.1　变长子网掩码 VLSM

变长子网掩码（Variable-Length Subnet Masks，VLSM）的出现打破了传统的以类（Class）为标准的地址划分方法，缓解 IP 地址紧缺状况，它指明了在一个划分子网的网络中可以同时使用几个不同的子网掩码。

采用 VLSM 计算和编址设计时状况一般按照以下步骤。

① 确定所需子网的数量。

② 确定每个子网所需的主机数量。

③ 根据主机数量与子网数量设计合适的编址方案。

在进行 VLSM 编址方案设计时有以下 2 个原则：

① 一般按照子网中主机数目按从大到小的顺序安排子网。

② 采用连续分配地址的方法，直到地址空间用尽（不跳用地址）。

【例题 7-3】 有一个小型公司，申请了一块地址空间 172.16.0.0/16，其网络拓扑结构如图 7-14 所示，其区域 1 所在的网络被分配的地址空间是 172.16.12.0/22，路由器 D 直接相连两个局域网，容纳 200 个用户，路由器 A、B、C 连接 3 个以太网，分别用 1 个 24 口的交换机相连，请给区域 1 中的局域网设计合适的编址方案。

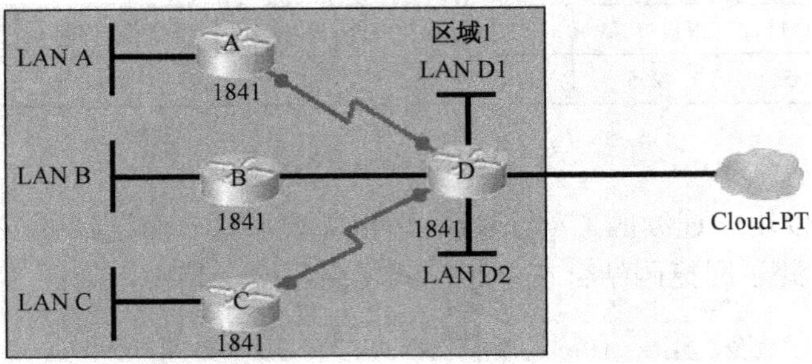

图 7-14　公司拓扑

解答：

对地址空间 172.16.12.0/22 的分析如表 7-5 所示。

表 7-5　地址空间分析

	子网划分地址空间：172.16.12.0/22		
	点分十进制	二　进　制	
	172.16.11.0	**10101100.00010000.000010**	11.00000000
地址空间范围	172.16.12.0	**10101100.00010000.000011**	00.00000000
	172.16.12.1	**10101100.00010000.000011**	00.00000001
	172.16.12.255	**10101100.00010000.000011**	00.11111111
	172.16.13.0	**10101100.00010000.000011**	01.00000000
	172.16.13.1	**10101100.00010000.000011**	01.00000001
	172.16.13.255	**10101100.00010000.000011**	01.11111111
	172.16.14.0	**10101100.00010000.000011**	10.00000000
	172.16.14.1	**10101100.00010000.000011**	10.00000001
	172.16.14.255	**10101100.00010000.000011**	10.11111111
	172.16.15.0	**10101100.00010000.000011**	11.00000000
	172.16.15.1	**10101100.00010000.000011**	11.00000001
	172.16.15.255	**10101100.00010000.000011**	11.11111111
	172.16.16.0	**10101100.00010000.000100**	00.00000000

路由器 D 直连 2 个局域网，容纳 200 台主机，根据 IP 地址特点，200 台主机需要分配主机位 8 比特，即 2^8-2 为 254（分配 7 比特主机数目不够，分配 9 比特造成地址空间浪费），对应的子网掩码是 255.255.255.0，所以对应地址空间中 172.16.12.0～172.16.13.255 之间的地址分配给 D 的 2 个局域网，两个网络地址分别为 172.16.12.0/24 和 172.16.13.0/24。

路由器 A、B、C 分别连接一个 24 口交换机，也就是说每个局域网最多容纳 24 台主机，所以对应的 IP 地址中主机位需要分配 5 比特，即 2^5-2 为 30，对应的子网掩码是 255.255.255.224，在进行 VLSM 设计时，一般情况下按照地址空间的顺序分配，以免最后导致混乱，所以紧跟着 172.16.13.0 后面的地址空间分配，在 172.16.14.0/24 基础上划分，三个以太网地址分别是 172.16.14.0/27、172.16.14.32/27、172.16.14.64/27，如表 7-6 所示。

表 7-6　三个子网地址

点分十进制	二　进　制	
172.16.14.0	10101100.00010000.00001110.000	00000
172.16.14.32	10101100.00010000.00001110.001	00000
172.16.14.64	10101100.00010000.00001110.010	00000
	←────────网络前缀────────→	←主机域→

最终为 5 个局域网的编址方案如表 7-7 所示。

表 7-7　编址方案

局域网	网络地址	子网掩码
LAN D 1	172.16.12.0	255.255.255.0
LAN D 2	172.16.13.0	255.255.255.0
LAN A	172.16.14.0	255.255.255.224
LAN B	172.16.14.32	255.255.255.224
LAN C	172.16.14.64	255.255.255.224

7.5.2　无类别域间路由（CIDR）

CIDR（Classless Inter-Domain Routing）消除了传统的 A 类、B 类和 C 类地址以及划分子网的概念，因而可以更加有效地分配 IPv4 的地址空间。

CIDR 使用各种长度的"网络前缀"来代替分类地址中的网络号和子网号，IP 地址从使用子网掩码的三级编址又回到了两级编址，CIDR 将网络前缀都相同的连续的 IP 地址组成"CIDR 地址块"。

1. CIDR 地址块

128.14.32.0/20 表示的地址块共有 2^{12}-2 个地址（斜线后面的 20 是网络前缀的比特数，所以主机号的比特数是 12），地址块的起始地址是 128.14.32.0。

128.14.32.0/20 地址块的最小地址为 128.14.32.0；128.14.32.0/20 地址块的最大地址为 128.14.47.255；全 0 和全 1 的主机号地址一般不使用，如图 7-15 所示。

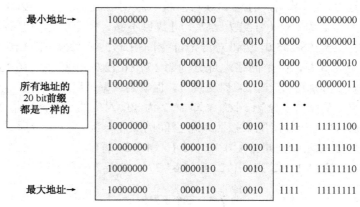

图 7-15　CIDR 地址块

【例题 7-4】　　如果某企业申请到的地址块为 200.1.170.64/27，试问该地址块的第一个地址和最后一个地址是多少，共有多少个地址？

解答：

前缀长度是 27，表示地址的前 27 比特是不变的，把其余的 5 位置 0 就是第一个地址，其余的 5 位置 1 就是最后一个地址。最后的 5 bit 代表主机域，共有地址 2^5 个。当然，全 0 和全 1 代表网络地址和广播地址，是不能给设备分配的，其结果如图 7-16 所示。

	200	1	170				64				
第一个地址：	11001000	00000001	10101010	0	1	0	0	0	0	0	0
最后一个地址：	11001000	00000001	10101010	0	1	0	1	1	1	1	1
	网络前缀						主机域				
子网掩码：	11111111	11111111	11111111	1	1	1	0	0	0	0	0

图 7-16　计算结果

2. 路由聚合

一个 CIDR 地址块可以表示很多地址，这种地址的聚合常称为路由聚合，它使得路由表中的一个项目可以表示很多个（如上千个）原来传统分类地址的路由。

CIDR 不使用子网，但仍然使用"掩码"这一名词（但不叫子网掩码），对于/20 地址块，其掩码是 20 个连续的 1。斜线记法中的数字就是掩码中 1 的个数，如图 7-17 所示，路由器 E 接了 4 个局域网，其路由表中的条目应该有 4 条，通告 F 路由器也有 4 条，而这 4 条就可以汇聚成一条以精简路由表。

如图 7-18 所示，在地址汇聚中，我们把网络地址转换成二进制比特，找到最长匹配前缀（前面相同的比特），后面的比特位以 0 补足，这样我们就得到了汇聚地址 192.168.12.0/22。

CIDR 可以减少网络数目，缩小了路由选择表，从而降低了路由器网络流量，以及 CPU 和内存方面的开销，对网络进行编制时灵活性更大。

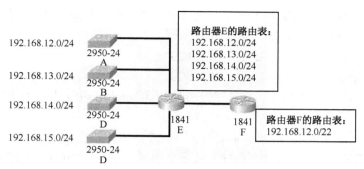

图 7-17　路由聚合拓扑

192.168.12.0	11000000.10101000.000011	00.00000000
192.168.13.0	11000000.10101000.000011	01.00 000000
192.168.14.0	11000000.10101000.000011	10.00000000
192.168.15.0	11000000.10101000.000011	11.00000000
192.168.12.0	11000000.10101000.000011	00.00000000

聚合地址 192.168.12.0/22

图 7-18　地址汇聚

7.6　复习题

1. 选择题

① IP 地址 10.10.10.10 和子网掩码 255.0.0.0 代表的是一个（　　）。

A. 网络地址　　　　　　　B. 主机地址

C. 广播地址　　　　　　　D. 超网

② 在计算网络地址时，IP 地址与子网掩码做（　　）运算。

A. 逻辑与　　　　　　　　B. 逻辑或

C. 逻辑非　　　　　　　　D. 异或

③ 下面哪个 IP 地址是网络地址（　　）。

A. 64.104.3.7/28　　　　　　B. 192.168.12.64/26

C. 192.168.12.191/26　　　　D. 10.10.10.10/24

④ 网络地址前缀表示 128.102.176.0/26，则对应的点分十进制子网掩码是（　　）。

A. 255.255.255.0　　　　　　B. 255.255.255.192

C. 255.255.255.240　　　　　D. 255.255.255.128

⑤ IP 地址 202.119.100.1 的子网掩码是 255.255.255.0，那么它所在的子网的广播地址是
（　　）。

A. 202.119.100.254　　　　　B. 202.119.100.193

C. 202.119.255.255　　　　　D. 202.119.100.255

⑥ 有 172.16.0.0/24、172.16.1.0/24、172.16.2.0/24、172.16.3.0/24 4 条路由，经过路由汇聚，能覆盖这 4 条路由的地址是（　　　）。

A. 172.16.1.0/22　　　　　　B. 172.16.0.0/23

C. 172.16.0.0/22　　　　　　D. 172.16.1.0/23

⑦ 网络地址为 192.168.1.0，其子网掩码是 255.255.255.240，则此网络被划分了几个子网（　　　）。

A. 4　　　　B. 8　　　　C. 16　　　　D. 32

⑧ 网络管理员正在建立包含 20 台主机的小型网络，ISP 只分配了可路由的 IP 地址，网络管理员可以使用以下哪个地址块？

A. 10.11.12.16/28　　　　　　B. 172.31.255.128/27

C. 192.168.1.0/28　　　　　　D. 209.165.202.128/27

⑨ 已知地址段 192.168.1.0/26，则按此分配 IP 地址，每个子网可以容纳多少台主机（　　　）。

A. 254　　　　B. 64　　　　C. 62　　　　D. 30

⑩ 属于网络 128.1.200.0/21 的地址是（　　　）。

A. 128.1.198.0　　　　　　B. 128.1.206.0

C. 128.1.217.0　　　　　　D. 128.1.224.0

2，填空题

① 三级 IP 地址将一个 32 bit 的 IP 地址分成了_____、_____和_____三个部分。

② 某企业网络管理员需要设置一个子网掩码,将地址200.1.1.0/24网段划分为4个子网,可以采用_____位的子网掩码进行划分，其子网掩码的点分十进制数值是_____。

③ 在子网的划分中，是从 IP 地址的_____部分借用位来创建子网的。

④ 对于一个 C 类的网络进行子网划分，如果子网掩码是 27 位，那么最多能够划分的子网数为_____个，每个子网能容纳的主机是_____台。

⑤ 当采用静态分配IP地址时,网络管理员必须给设备分配以下几个参数:_____、_____、_____和_____等。

3. 解答题

① 请画出二级 IP 地址结构与三级 IP 地址结构，并且说明其差别与特点。

② 若有 4 条路由条目，分别是 192.16.0.0/24、192.16.1.0/24、192.16.2.0/24、192.16.3.0/24，试计算经过路由汇聚后的路由条目是什么。

③ 某 CIDR 地址块中的某个地址是 128.12.57.26/22,那么该地址块中的第一个地址是多少？最后一个地址是多少？该地址块共包含多少个地址？

④ 有一个网络地址为 202.119.200.0/24，要在此网络中划分 8 个子网，问：

A. 需要多少位表示子网？

B. 子网掩码的点分十进制数值是多少？

C. 每个子网地址是什么？

D. 每个子网能容纳多少主机？

E. 整个网络能容纳多少主机？

F. 第 2 个子网的广播地址是多少？

7.7　实践技能训练

实验　IP 地址子网划分

1. 实验简介

本练习将使用 Packet Tracer 搭建拓扑，利用给定的 IP 地址划分子网，并且给拓扑中的终端设备分配 IP 地址，测试子网之间的通信。

2. 学习目标

- 熟悉三类常用 IP 地址的配置方法；
- 熟练掌握 IP 地址子网划分的方法；
- 掌握 IP 子网的划分与分配方法；
- 掌握 Packet Tracer 中网络的测试方法。

3. 实验任务与要求

① 按要求搭建实验拓扑。

- 添加一台型号为 2950-24 的交换机；
- 添加 6 台终端设备：2 台 PC A、B，2 台笔记本电脑 C、D，2 台服务器 E、F；
- 用合适的线缆链接设备组成一个星型拓扑。

② IP 地址子网划分。

- 给定地址空间 172.16.0.0/24，在此基础之上划分 4 个子网；
- 第 1 个子网有 2 台 PC，子网中的第 1 个主机号分配给计算机 A，子网中的最后一个主机号分配给计算机 B；
- 第 2 个子网有 2 台笔记本电脑，子网中的第 1 个主机号分配给笔记本 C，子网中的最后一个主机号分配给笔记本 D；
- 第 3 个子网有 2 台服务器，子网中的第 1 个主机号分配给服务器 E，子网中的最后一个主机号分配给服务器 F。

③ 测试 IP 连通性。

利用 Packet Tracer 的简单 PDU 测试 A 与 B、C 与 D、E 与 F 之间的连通性，结果应该都是 Successful；测试 A 与 C 的连通性，结果应该是 Failed；测试 C 与 E 的连通性，结果应

该是 Failed。

4．实验拓展

① 计算每个子网可以容纳的主机数目。

② 写出第 4 个子网的网络地址与广播地址。

③ 添加 2 台打印机 G、H，连接到交换机，分别给打印机分配第四个子网中的第 1 个主机与最后一个主机。

第 8 章

传输层

【本章知识目标】

- 了解传输层在 TCP/IP 模型中的作用
- 理解传输层的关键功能，包括可靠性、端口寻址以及数据分段
- 理解 TCP/IP 模型传输层协议 TCP 和 UDP 的功能与应用
- 理解 TCP 和 UDP 协议在应用中发挥的关键性作用

【本章技能目标】

- 掌握在 Packet Tracer 仿真模拟器中对 TCP 和 UDP 协议应用的观察方法
- 掌握 TCP 协议建立连接三次握手过程
- 能够使用传输相关协议进行数据报分析与测试

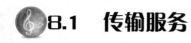 **8.1　传输服务**

传输层是整个协议层次结构的核心，传输层位于网络层和应用之间，在终端用户之间提供透明数据传输，向上层提供可靠的数据传输服务，如图 8-1 所示。网络层是通信子网的最高层，但却无法保证通信子网或路由器提供的面向连接的服务可靠性，而在网络层之上的传输层正好可以解决这一问题，改善了传输质量。

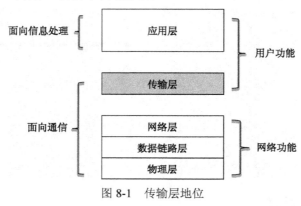

图 8-1　传输层地位

8.1.1　传输层提供的服务

传输层的主要职责是向上层（应用层）提供有效、可靠的服务。在源端和目的端之间跟踪独立地通信，每台主机同时可能有多个应用进程在通信。传输层负责协调管理多进程之间的通信流，如果某台计算机正在发送电子邮件和浏览网站，那么传输层会跟踪各个进程会话，保证所有的应用程序能正确地被发送与接收，图 8-2 显示了客户传输层通信中的 TCP 请求。

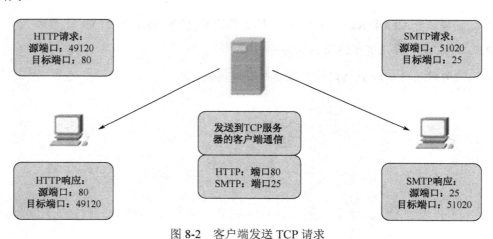

图 8-2　客户端发送 TCP 请求

8.1.2　分段和重组

应用程序由于要向传输层发送大量数据，考虑到信道带宽等因素，传输层必须将数据拆成小的分段，更适合传递。由此可见，传输层必须为每段应用程序添加报头，关联显示相关通信。反之，若没有分段，那只能有一个应用程序被接受，如进行浏览网页时就不可以同时发送即时消息或观看视频。同时，由于分段过后的数据会经过不同的网络传输路径，数据的到达次序会混乱。通过编号及排序分段，目的端数据的每个分段必须按正确的顺序重组，然后对应相应的应用程序，图 8-3 显示了数据报分段的示意图。

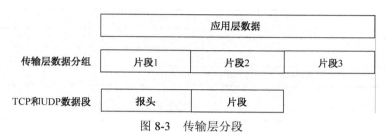

图 8-3　传输层分段

● TCP 报头包含源端口和目的端口信息、数据段接收确认信息、排序（以安排同一序列处理）信息、流量控制和拥塞控制信息；
● UDP 报头包含源端口和目的端口信息。

8.1.3　端口寻址

端口就是传输层服务访问点 TSAP，端口的作用就是让应用层的各种应用进程都能将其数据通过端口向下交付给传输层，以及让传输层知道应当将其报文段中的数据向上通过端口交付给应用层相应的进程。

为了区分网络应用程序，传输层将给应用程序提供端口，端口用一个 16 bit 端口号进行标识，每个需要访问的进程会被分配到一个且唯一的端口号，有效的端口号为 0～65535。端口号只具有本地意义，即端口号只是为了标志本计算机应用层中的各进程，在因特网中不同计算机的相同端口号是没有联系的。

Internet 编号指派机构（IANA）负责分配端口号，IANA 组织是负责分配多种地址的标准化团体，端口号有以下三种类型。

① 公认端口（端口 0～1023）：用于服务和应用程序，如 HTTP、SMTP/POP3 等。

② 已注册端口（端口 1024～49151）：分配给用户进程，而不是分配给公认端口。

③ 动态或私有端口（端口 49152～65535）：也称临时端口。端口在应用程序一开始被动态分配给客户端应用，客户端很少使用动态或私有端口。

表 8-1～表 8-3 分别列出了传输层 TCP 和 UDP 协议各常见类型端口号。

表 8-1　知名端口

知名端口	应用程序	协议
20	文件传输协议（FTP）数据	TCP
21	文件传输协议（FTP）控制	TCP
23	Telnet	TCP
25	简单邮件传输协议（SMTP）	TCP
80	超文本传输协议（HTTP）	TCP
110	邮局协议 3（POP 3）	TCP

表 8-2　注册端口

注册端口	应用程序	协议
1812	RADIUS 身份验证	UDP
1863	MSNMessenger	TCP
2000	思科信令连接控制协议（SCCP，用于 VoIP 语音）	UDP

表 8-3　TCP/UDP 常用端口

常用端口	应用程序	端口类型
53	DNS	公认 TCP/UDP 端口
161	简单网络管理协议 SNMP	公认 TCP/UDP 端口
531	AOL 即时通信，IRC	公认 TCP/UDP 端口

8.1.4　流量控制及错误恢复

网络内存及带宽是有限的，当传输层发现此类资源过载时就会利用某些传输层协议要求减小数据额流量，流量控制同时可以防止网络丢失分段及分段重传。当然，数据分段在网络中的分段很可能随时会发生错误或丢失，此时传输层能够通过重传保证所有数据的正确性和完整性。

8.1.5　面向连接／面向非连接服务

传输层根据各应用程序不同的协议分为面向连接和面向非连接的两种服务类型。面向连接服务是当发送方必须与接收方进行连接时才进行数据传递，最后释放连接过程。而对于非连接的传输服务，发送方无须连接直接进行数据传递。传输层的 TCP（传输控制协议）为面向连接的协议，提供了进程之间的可靠传递；UDP（用户数据控制协议）为面向非连接的协议，提供进程之间高效的数据传递。

传输层通过在应用程序间建立一个会话，提供面向连接的定位服务，在传输数据之前，传输层连接准备好应用程序间的通信准备。这些应用程序通信的数据在会话中严格地被管理。

根据应用程序不同，传输层协议也各不相同。例如，网页浏览或电子邮件发送要求确保接收和显示信息的完整性，因此即使速度较慢但是需要通过建立连接才进行数据传递。

当今越来越多的融合性网络，包括声音、视频、数据，在共同传输过程中，不同应用对

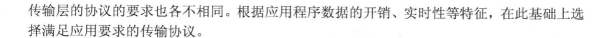

传输层的协议的要求也各不相同。根据应用程序数据的开销、实时性等特征，在此基础上选择满足应用要求的传输协议。

8.1.6 netstat 命令

netstat 命令是一个非常实用的网络应用程序，可用来检验连网主机中开放并运行了哪些活动的 TCP 连接。netstat 命令列出正在使用的协议、本地地址和端口号、外部地址和端口号以及连接的状态。用户可通过检验 TCP 连接来防范非法 TCP 连接耗尽网络资源，降低主机的性能。若突然性能下降，可以通过 netstat 命令来检查主机开放的连接。

图 8-4 显示了执行 netstat 命令后的输出结果。

```
C:\>netstat
Active Connection

Proto        Local Address            Foreign Address            State
TCP          127.0.0.1:39001          202.18.1.3:http            ESTABLISHED
TCP          127.0.0.1:42528          183.26.2.7:https           ESTABLISHED
TCP          127.0.0.1:27521          202.18.35.6:https          ESTABLISHED
```

图 8-4 netstat 的输出结果

8.2 传输控制协议（TCP）

传输控制协议（Transmission Control Protocol，TCP）是 TCP/IP 体系结构中的传输层协议，是面向连接的，用于管理多个应用程序的通信，根据各协议的特点为应用程序提供可靠的全双工数据通信。

8.2.1 TCP 协议特点

TCP 提供一种面向连接的、全双工的、可靠的字节流服务，具有以下的特点。
● 面向连接的传输，传输数据前需要先建立连接，数据传递完毕后要释放连接；
● 支持端到端通信，不支持广播通信；
● 高可靠性，确保数据传输的正确性，不会出现乱序或丢失；
● 以全双工方式实现数据传输；
● 以字节为段位进行数据传输，若数据过长会将其进行分段传输；
● 提供紧急数据传递功能，需要紧急数据发送时会立即进行进程发送，目的端会暂停当前数据，先进行紧急数据的接受处理。

8.2.2 TCP 的段结构

由于 TCP 应用于大量数据传递的情况，所以对长数据流会进行分段。TCP 的段结构如图 8-5 所示。

在 TCP 的段结构中，是以"端口"来表示地址的。

① 源端口：16 比特，发送方进程端口。

② 目的端口：16 比特，接收方进程端口。

③ 序列号：32 比特。TCP 对字节进行编号，例如，某数据段包括 2 000 字节，若第一个字节编号号为 1 的话，则下一个数据段字节的序列号为 1+2000=2001。

④ 确认号：32 比特，是准备接收的字节序列号，表示该序列号之前的字节都已正确接收。

0	8							16	31
源端口								目的端口	
序列号									
确认号									
报头长度	保留	URG	ACK	PSH	RST	SYN	FIN	窗口大小	
校验和								紧急指针	
选项（长度可变）									

图 8-5　TCP 的段结构

⑤ 报头长度：4 比特，可随可选项的长度而变化，接收方根据该数据确定 TCP 的数据起始位置。

⑥ 代码位：6 比特，该字段包含对其他字段的说明或对控制功能的标志，常用代码位如下所述。

● URG：紧急比特。当此位设置为 1 时，表明此报文段中含由发送端应用进程标出的紧急数据，同时用"紧急指针"字段指出紧急数据的末字节。TCP 必须通告接收方的应用进程"紧急数据"，并将"紧急指针"传送给应用进程。

● ACK：确认字段（Acknowledgement Number）。大多数情况下该标志位是置位的。TCP 报头内的确认编号栏内包含的确认编号（$X+1$, Figure：1）为下一个预期的序列编号，同时提示远端系统已经成功接收所有数据。

● PSH：推送功能。在进行 Telnet 或 Rlogin 等交互模式的连接时，该标志总是置位的。该标志置位，数据将尽快交于应用处理。

● RST：重置连接。用于复位相应的 TCP 连接，当通信过程中出现严重错误时，进行通信的两台主机任意一方发送 RST 位设置为 1 的报文段用于终止连接。

● SYN：同步序列号（Synchronize Sequence Numbers）。该标志仅在三次握手建立 TCP 连接时有效。它负责 TCP 连接的服务端检查序列编号，该序列编号为 TCP 连接初始端的初始序列编号。通过 TCP 连接交换的数据中每一个字节都经过序列编号。在 TCP 报头中的序列编号栏包括了 TCP 分段中第一字节的序列编号。

● FIN：发送方已传输完所有数据。带有该标志置位的数据包用来结束一个 TCP 回话，但对应端口仍处于开放状态，准备接收后续数据。服务端处于监听状态，客户端用于建立连接请求的数据包（IP packet）按照 TCP/IP 协议堆栈组合成 TCP 处理的分段（Segment）。

8.2.3 TCP 连接管理

应用程序进程都是在服务器上进行的，服务器上运行的每个应用进程都分配了一个相应的端口号，这本由系统默认分配或者系统管理员手工分配。当某动态应用程序"开启"端口时，应用层将接收并处理该端口的数据段，一个服务器可以根据开启的多个不同端口对应多个应用程序。当然，服务器必须只允许授权请求者访问与服务于应用程序的相关端口。

1. 三次握手建立连接

两台主机采用 TCP 进行通信，交换数据之前需要先建立连接，通信完毕后，将关闭会话并结束连接。由此可见，连接和会话机制保障了 TCP 的可靠性。

TCP 连接的建立采用三次握手机制，具体实现过程为：数据发送方向数据接收方发送请求，数据接收方回应对连接请求的确认段，数据发送方再发送对对方确认段的确认，其过程如图 8-6 所示。

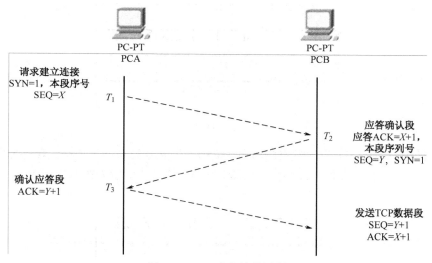

图 8-6 TCP 建立连接过程

在图 8-6 TCP 连接中，A 向 B 发起会话，创建连接过程三个步骤如下所述。

- A 向 B 发送包含初始序列 SYN 标志数据段，开启连接会话。如图 8-6 所示，在 T_1 时刻，A 向另一端 B 请求建立连接，序列号为 X。
- 在 T_2 时刻，B 发送包含确认值 SYN+ACK 的数据段，值为 A 的序列号 X 值加 1，并产生其自身的同步序列值 Y。
- 在 T_3 时刻，A 发送带确认值的 ACK 响应，发送值等于 B 的序列号 Y 加 1。由此连接结束。

通过三次握手，连接建立成功。三次握手机制通过请求、响应、确立保证了连接的顺利完成，接下来 A、B 分别发送数据段。

为了清楚了解 TCP 三次握手过程，搭建如图 8-7 所示的 TCP 实验拓扑。

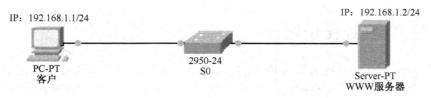

图 8-7　TCP 实验拓扑

配置好基本信息，将 Packet Tracer 模拟器切换到 Simulation 模式，打开主机 Web Browser，输入 IP192.168.1.2，观察结果。因为 HTTP 服务是基于 TCP 协议的，所以当申请网页前会建立 TCP 连接，图 8-8 所示为主机发送的第一次握手的 TCP 请求。

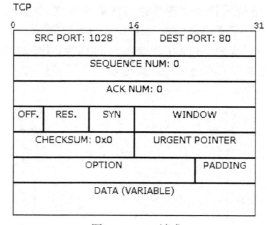

图 8-8　TCP 请求

从数据包中看出，HTTP 使用 TCP 端口号 80，序列号为 0，此时客户第一次发送 TCP 连接请求，应答号是 0，同时 SYN 同步比特应该是 1。图 8-9 所示为第二次握手的 TCP 响应。

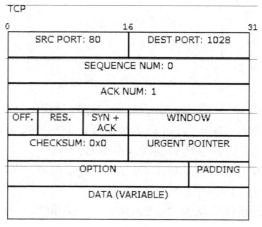

图 8-9　TCP 响应

从数据包中可知，服务器第一次发送响应，序列号为 0，应答号为 1，同时发送 SYN+ACK。

图 8-10 所示为第三次握手的 TCP 确认。

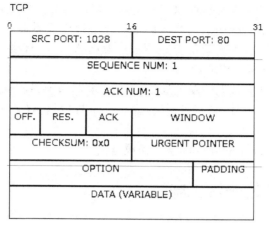

图 8-10　TCP 确认

此时客户端第二次发送数据报序列号为 1，应答号为 1，同时发送 ACK。三次握手建立连接后可以发送 HTTP 请求申请网页文件。

2. TCP 连接释放

在数据传输结束后，通信的双方都可以发出释放连接的请求。TCP 连接释放采用文雅释放过程，TCP 连接的释放是两个方向分别释放连接，每个方向上连接的释放，只终止本方向的数据传输。

当一个方向的连接释放后，TCP 的连接就称为"半连接"或"半关闭"；当两个方向的连接都已释放后，TCP 连接才完全释放，图 8-11 显示了 TCP 连接的释放过程。

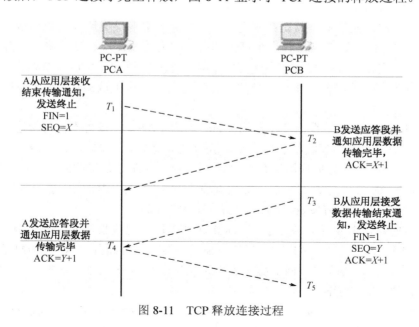

图 8-11　TCP 释放连接过程

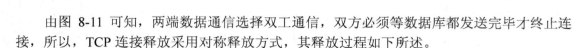

由图 8-11 可知，两端数据通信选择双工通信，双方必须等数据库都发送完毕才终止连接，所以，TCP 连接释放采用对称释放方式，其释放过程如下所述。

- 在 T_1 时刻，A 收到应用层的终止请求，发送带释放标志 FIN 的连接段。
- 在 T_2 时刻，B 收到 A 发送的释放请求并发送 ACK 应答段，确认收到并通知应用层 A 已结束数据发送请求释放。
- B 在 T_3 时刻收到无数据传输的通知，并向 A 发送带释放标志 FIN 的连接段。
- 在 T_4 时刻，A 收到 B 的释放连接信息，A 向 B 发送 ACK 应答段，确认释放并中断连接。
- 在 T_5 时刻 B 收到 A 的确认信息，释放连接。

8.2.4 TCP 数据传输机制

1. TCP 滑动窗口

TCP 采用滑动窗口控制管理数据队列发送，发送数据方不需要在应用层开始发送数据时就立刻发送数据，可以等待数据累积到一定数量后一并发送；接收方同样也可以等待接收的数据达到一定数量后一起发送确认。

滑动窗口顾名思义是指接收窗口的大小可以随着已经接收的数据量变化，在 TCP 会话中，窗口大小是动态协商的。滑动窗口是一种数据流控制机制，允许发送端在向目标端发送一定数量的数据之后接收一个确认滑动窗口协议，是 TCP 使用的一种流量控制方法。TCP 允许发送方在停止并等待确认前可以连续发送多个分组。由于发送方不需要每次发一个分组就停下来等待确认，因此 TCP 可以加速数据的传输。收发两端的窗口不断滑动，因此这种协议又称为滑动窗口协议。

滑动窗口协议的基本原理就是在任何时刻，发送方都能发送连续帧数据段，称为发送窗口；同时，接收方也可以连续接收多个帧数据段，称为接收窗口。发送窗口和接收窗口的序号的上下界不一定要一样，甚至大小也可以不同。不同的滑动窗口协议窗口大小一般不同。发送方窗口内的序列号代表了那些已经被发送但是还没有被确认的帧，或者是那些可以被发送的帧。

如图 8-12 中所示，假定数据接收方有 2 048 字节的缓冲区。此处有三种标志要介绍：ACK 为确认标志；WIN 为可以接收的窗口大小；SEQ 是发送数据段的起始字节号，称为序列器。

- 在 T_1 时刻，发送方的应用层有 1 024 字节的数据，发送方将数据段的起始序号设为 0。
- 在 T_2 时刻，接收方收到发送方的数据段后并不立刻提交给应用层，缓冲区还有 1 024 字节空闲，接收方发送 ACK=1 024，WIN=1 024。
- 在 T_3 时刻，若发送方应用层有 2 KB 数据发送，但接收方的缓冲空闲只有 1 KB 数据，因此发送方将 1 KB 数据发送，SEQ=1 024。（注释：1 KB=1 024 字节）
- 在 T_4 时刻，接收方完成数据接收发现缓冲区被占满，接收方向发送方发确认段，ACK=2 048，WIN=0。
- 在 T_5 时刻，接收方向应用层提交数据段，缓冲区释放 1 KB，接收方向发送方发送确认段。借此发送方知道现在接收方有 1 KB 空闲缓冲区。

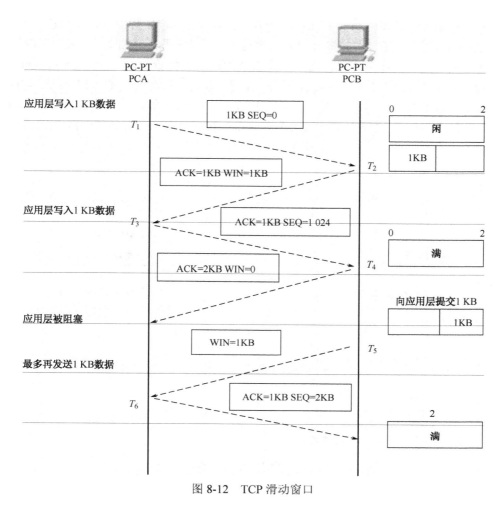

图 8-12　TCP 滑动窗口

● 在 T_6 时刻，发送方将刚才剩下的没发完的 1 KB 发送。发送完发现还有 1 KB 空闲缓冲区。

2. TCP 重传策略

TCP 协议提供了管理数据段丢失的方法，当数据在传输过程中发送丢失时，TCP 设计一种方法就是重新发送未确认的数据段，图 8-13 所示为数据发送常见情况。

重传的基本是设立重传定时器，该定时器在开始发送数据的同时被启动，如果在定时器超时前收到确认数据段，定时器将被关闭，否则，就重传数据段。大部分情况下，TCP 只确认相邻序列的数据段。当一个或多个数据段丢失时，只有确认已传输完成的数据段。例如，当接收序列号为 1200 到 2000 和 3000 到 4000 的数据段，那确认号为 1201。中间空白的数据段被认为没有收到。

重传策略的关键就是对定时器的设定。影响超时重传机制协议效率的一个关键参数是重传超时时间（Retransmission TimeOut，RTO）。RTO 的值设置得过大过小都会对协议造成不利影响。如果 RTO 设置过大将会使发送端经过较长时间的等待才能发现报文段丢失，降低了连接数据传输的吞吐量；另一方面，若 RTO 过小，发送端尽管可以很快检测出报文段的丢失，但也可能将一些延迟大的报文段误认为是丢失，造成不必要的重传，浪费了网络资源。因此，从上面看来，若在建立连接前，首先设计两点间的传输往返时间（Round Trip Time，RTT），则可根据 RTT 来设置一合适的 RTO。显然，在任何时刻连接的 RTT 都是随机的，无法预先知道。TCP 可以通过测量来获取当前 RTT 的一个估计值，并以该 RTT 估计值为基准来设置当前的 RTO。自适应重传算法的关键就在于对当前 RTT 的准确估计，以便适时调整RTO。

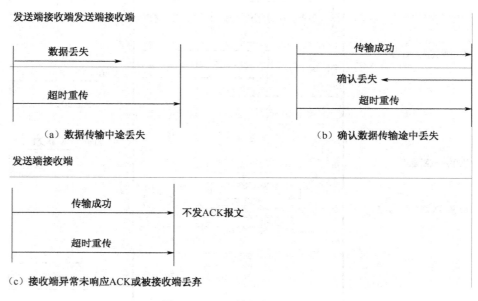

图 8-13　TCP 数据段丢失重传

3. TCP 拥塞控制

无论网络设计多优秀，网络资源都会有耗尽导致网络拥塞的可能。网络资源一般包括网络带宽、节点的缓存或处理机等。在某一时刻，网络资源的需求过载，超过可用范围，那么网络性能就会变坏，造成网络拥塞。

在 Internet 网中，拥塞控制主要是由 TCP 完成的。控制拥塞的有效方法很多，其中最常用的有效方法就是降低数据传输速率。早期的 TCP 协议只有基于窗口的流控制（Flow Control）机制而没有拥塞控制机制，因而易导致网络拥塞。流量控制功能通过调整会话过程中两个服务之间的数据流速率，以保证 TCP 的可靠性。当发送方被通知已收到的数据段中指定数量的数据时，它就可以继续发送更多的数据。1988 年 Jacobson 针对 TCP 在网络拥塞控制方面的不足，提出了"慢启动"（Slow Start）等算法。

慢启动"Slow Start"：

TCP 在连接建立成功后在网络中产生大量数据包，由此网络中设备缓存会被耗尽，很容易发生网络拥塞。所以新建立的连接并不在一开始就大量发送数据包，而是根据网络情况逐步增加每次发送的数据量，这样能够避免网络拥塞。网络拥塞窗口（CWND）在新建立连接时，初始化为 1 个最大报文段（MSS）大小，发送端开始按照拥塞窗口大小发送数据，每当有一个报文段被确认时，CWND 就增加 1 个 MSS 大小。CWND 随着网络往返时间（Round Trip Time，RTT）呈指数级增长，本质上慢启动发送起点较低，之后发送速度一点也不慢。在开始时，CWND 值为 1；经过 1 个 RTT 后，CWND 值为 1×2=2；经过 2 个 RTT 后，CWND 值为 2×2=4。如果带宽为 W，那么经过 $RTT \times \lg 2W$ 时间就可以占满带宽。当然 CWND 也不能一直这样增长下去，一定需要某些限制。TCP 使用慢启动门限（ssthresh）变量，当 CWND 超过该值后，慢启动过程结束，进入拥塞避免阶段。对于大多数 TCP 实现来说，ssthresh 的值是 65 536（同样以字节计算）。拥塞避免的主要思想是加法增大，也就是 CWND 的值不再指数级往上升，转而利用增加值，此时当窗口中所有的报文段都被确认时，CWND 的大小加 1，CWND 的值就随着 RTT 开始线性增加，这样就可以避免增长过快导致网络拥塞，慢慢地增加调整到网络的最佳值，图 8-14 显示了慢启动的拥塞指数。

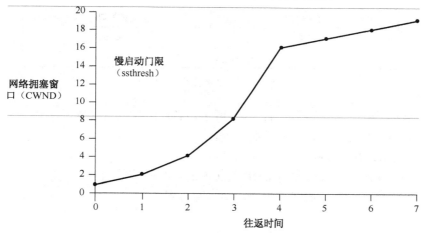

图 8-14　慢启动"Slow Start"拥塞指数增长

8.3　用户数据报协议（UDP）

根据 RFC768，用户数据报传输协议（UDP）提供了无连接的数据报服务。UDP（User Datagram Protocol，用户数据报协议）是 OSI（Open System Interconnection，开放式系统互联）参考模型中的一种无连接传输层协议，提供面向事务的简单不可靠信息传送服务，UDP 采用"尽力"方式传送数据报。

8.3.1　UDP 服务模型

UDP 提供的服务主要有以下几种特征。
① 传输数据前无须连接，应用进程可以直接进行数据报发送。
② 不对数据报进行检查与修改。
③ 无须等待对方确认。

155

④ 效率高，实效性好。

根据以上特征，UDP 数据报在发送过程中可能会出现丢失、乱序等情况，它应用于传送数量较少或者无须应答的进程中。当然，UDP 也避免了建立和释放连接段麻烦。例如，像 DNS 这样的应用，如果收不到应答，它就再次发出请求，因此不需要 TCP 的可靠性。另外，使用 UDP 协议的应用还包括视频流和 IP 语音等。

8.3.2 UDP 的段结构

UDP 是面向无连接的，它的格式与 TCP 相比少了很多字段，也简单了很多。用户数据报协议由数据和首部两部分组成。UDP 的首部只有 8 字节，共 4 段，格式如图 8-15 所示。

图 8-15　UDP 数据报字段结构

UDP 功能简单，它的段结构如图 8-15 所示，各段结构的含义如下所述。

- 源端口：16 比特，表明发送端地址。
- 目的端口：16 比特，表明接收端地址。
- 长度：16 比特，表明包括 UDP 头在内的数据段的总长度。
- 校验和：16 比特，该字段可选，不用时可置 0。

8.3.3 UDP 数据报重组

由于 UDP 是无连接协议，因此在通信发生之前不会进行会话。也就是说，UDP 是一旦应用程序有数据发送就直接发送。根据 UDP 的特点，一般 UDP 发送的数据段比较小，但是也会有需要分段数据的情况。UDP 的数据协议单元（PDU）实际意义就是发送数据报。

当多个数据发送到目的主机时，它们可能使用不同的路径，到达顺序也可能跟发送时的数据不同。UDP 不会对数据报进行重组，因此也不会将数据恢复原先的顺序。所以，UDP 只按数据的先来后到转发给应用程序。如果对数据顺序有要求，那么应用程序只能自己标志数据的正确顺序，并按次序去处理数据，图 8-16 显示了 UDP 用户数据报重组的过程。

8.3.4 UDP 的服务器进程与请求

基于 UDP 的服务器应用程序和 TCP 一样也被分配了公认端口或已注册的端口。当基于 UDP 协议的应用程序或进程运行时，它们就会接收与所分配端口相匹配的数据；当 UDP 收到用于某个端口的数据报时，它就会按照应用程序的端口号将数据发送到相应的应用程序。

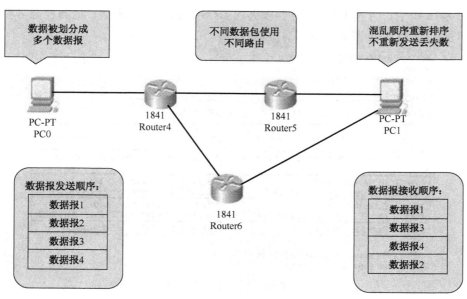

图 8-16　UDP 数据报重组

8.3.5　UDP 客户端进程

　　TCP 使用客户端/服务器模式通信,初始化采用由客户端应用程序向服务器进程请求数据的形式;UDP 客户端进程则是从动态可用端口中随机挑选一个端口号,用来作为会话的源端口,而目的端口通常都是分配给服务器进程的公认端口或已注册的端口。客户端选择源端口和目的端口,通信事务中的所有数据报文头都采用固定的端口对,对于从服务器到达客户端的数据来说,数据报头所含的源端口和目的端口进行了互换。

　　为了查看 UDP 报文结构,搭建如图 8-17 所示拓扑验证 DNS 服务如何使用 UDP 协议。将 Packet Tracer 模拟器切换到 Simulation 模式,客户端在浏览器中输入 WWW.CISCO.COM,访问 Cisco 网站页面,首先 DNS 服务器会根据域名找到相关的服务器 IP 地址所在位置。

图 8-17　实验拓扑

如图 8-18 所示，分析 DNS 服务器收到的 DNS 数据报，客户端自选随机源端口 1025，目的端口使用 DNS 服务器的公认端口 53。

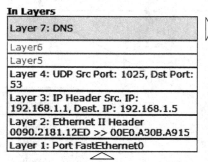
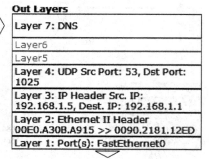

At Device: DNS服务器
Source: 客户
Destination: 192.168.1.5

In Layers

| Layer 7: DNS |
| Layer6 |
| Layer5 |
| Layer 4: UDP Src Port: 1025, Dst Port: 53 |
| Layer 3: IP Header Src. IP: 192.168.1.1, Dest. IP: 192.168.1.5 |
| Layer 2: Ethernet II Header 0090.2181.12ED >> 00E0.A30B.A915 |
| Layer 1: Port FastEthernet0 |

Out Layers

| Layer 7: DNS |
| Layer6 |
| Layer5 |
| Layer 4: UDP Src Port: 53, Dst Port: 1025 |
| Layer 3: IP Header Src. IP: 192.168.1.5, Dest. IP: 192.168.1.1 |
| Layer 2: Ethernet II Header 00E0.A30B.A915 >> 0090.2181.12ED |
| Layer 1: Port(s): FastEthernet0 |

1. The DNS server receives a DNS query.
2. The name queried resolved locally

图 8-18　DNS 数据报格式

详细的 UDP 数据报格式如图 8-19 所示：

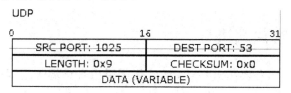

图 8-19　UDP 数据报格式

由此可见，UDP 数据报源端口是客户端随机自选的，目的端口使用服务公认端口。这样做的目的很明显安全性能比较高。如果目的端口的选择方式容易预测，那么网络入侵者很容易就可以通过尝试最可能开放的端口号访问客户端。由于 UDP 不建立会话，因此一旦数据和端口号准备就绪，UDP 就可以生成数据报并递交给网络层，同时在网络上寻址和发送。

8.4　复习题

1. 选择题

① UDP 协议和 TCP 协议首部的共同字段是（　　）。
A. 源端口、目的端口、协议
B. 源端口、目的端口、流量控制
C. 源端口、目的端口、校验和
D. 源端口、目的端口、序列号
② TCP 与 UDP 协议使用（　　）对通过网络的不同会话进行跟踪。
A. 端口号　　　　　　　　　　B. IP 地址
C. MAC 地址　　　　　　　　D. 序列号

③ 公认端口的范围是（　　　）。

A. 1024～49151　　　　　　　B. 49251～65535

C. 0～1023　　　　　　　　　D. 超过 65535

④ 传输层上实现不可靠传输的协议是（　　　）。

A. TCP　　　　　　　　　　B. UDP

C. IP　　　　　　　　　　　D. ARP

⑤ TCP 头中的序列号的作用是什么？（　　　）

A. 重组分段成数据

B. 标志应用层协议

C. 标志下一个期待的字节

D. 显示在一个会话中容许的最大数量的字节

⑥ 下述的哪一种协议不属于 TCP/IP 模型的协议（　　　）。

A. TCP　　　　　　　　　　B. UDP

C. ICMP　　　　　　　　　　D. HDLC

⑦ TCP 的主要功能是（　　　）。

A. 进行数据分组　　　　　　B. 保证可靠传输

C. 确定数据传输路径　　　　D. 提高传输速度

⑧ 下面哪项决定了运行 TCP/IP 的主机在必须收到确认之前可以发送多少数据？（　　　）。

A. 分段大小　　　　　　　　B. 传输速率

C. 带宽　　　　　　　　　　D. 窗口大小

⑨ 在 TCP/IP 模型中，提供端到端的服务是（　　　）。

A. 数据链路层　　　　　　　B. 应用层

C. 网络层　　　　　　　　　D. 传输层

⑩ DNS 的默认端口号是什么？（　　　）

A. 1025　　　　　　　　　　B. 53

C. 110　　　　　　　　　　D. 143

2. 填空题

① TCP 报文的首部最小长度为_____字节，有效荷载的最大长度为_____字节。

② UDP 首部字段有_____字节。

③ UDP 首部字段由_____、_____、_____、_____四部分组成。

④ 一些专门分配给 TCP/UDP 的最常用的端口叫_____。

3. 解答题

① 分别列出 TCP 与 UDP 的应用程序。

② 简述 TCP 和 UDP 有什么不同之处？

③ TCP 的连接建立和释放分别采用几次握手？请简述过程。

8.5 实践技能训练

实验 TCP 和 UDP 端口技能训练

1. 实验简介

通过本实验学习在 PacketTracer 模拟器 Simulation 模拟模式下运行应用程序，观察 TCP 和 UDP 服务的端口号。需要搭建的实验拓扑如图 8-20 所示。

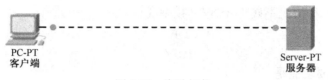

图 8-20 实验拓扑

2. 学习目标

- 观察 Simulation 模式下传输层数据报的运行情况；
- 观察应用程序 TCP 数据报格式；
- 观察应用程序 UDP 数据报格式。

3. 实验任务与要求

（1）进入模拟模式

单击 Simulation（模拟）选项卡进入模拟模式，在 Event List Filters（事件列表过滤器）区域中，单击 Edit Filters（编辑过滤器）按钮，选择 DNS 事件、HTTP 事件、TCP 事件、UDP 事件。

（2）在客户端打开 WebBrowser 浏览器，打开页面 www.cisco.com

此刻需要强调的是首先该服务器需要配置 DNS 服务器，配置具体步骤大致为：

① 打开服务器端 Config 配置页面，选择 DNS 标签，将 DNS 服务从 Off 切换成 On，处于打开状态。

② 在 Resource Record 中的 Name 中输入 www.cisco.com，Type 标签默认为 A Record。

③ 选择 Add 添加，就此将 DNS 配置完毕。

（3）观察首先出现的 DNS 数据报

在模拟模式下，打开 DNS 的数据包，观察 OutLayer 的 DNS 协议状态，切换到详细 PDU

标签，观察 DNS 源和目的数据报的端口号。DNS 服务器的端口号为公认端口号 53，客户端是随机产生的端口号。

（4）观察紧接着产生的 HTTP 数据报

在模拟模式下，打开 HTTP 的数据包，参照上一步观察 Out Layer 的 HTTP 协议，切换到详细的 PDU 标签，观察 HTTP 源和目的数据报的端口号。HTTP 服务器的端口号为公认端口号 80，客户端是随机产生的端口号。

4. 实验拓展

① 观察 DNS 服务 UDP 数据报的运行格式。
② 观察 HTTP 从请求到响应过程中 TCP 数据报的运行格式，包括 TCP 建立连接三次握手的具体过程，以及标志的变化。

第 9 章

应用层功能及协议

【本章知识目标】

● 了解 TCP/IP 应用层与 OSI 应用层的对应关系

● 熟悉常用的应用层服务，例如，HTTP、DNS、DHCP、SMTP/POP、Telnet 等

● 掌握应用层常用服务的工作过程与原理

● 了解应用层各种服务工作过程中的报文类型

【本章技能目标】

● 能够熟练地使用应用层的各种服务

● 能够在 Packet Tracer 仿真模拟器中搭建应用层常见的服务拓扑

● 掌握使用 Packet Tracer 仿真模拟器分析应用程序的工作原理

 9.1　应用层基础

应用层，位于 OSI 参考模型的第 7 层，提供了人们所有的应用程序与下层网络的接口，通过下层网络传递信息。现在有很多应用层的协议，一般情况只要和用户相关的程序基本都属于应用层的范畴。早期的 OSI 参考模型高 3 层（会话层、表示层与应用层）与 TCP/IP 协议族中的应用层功能基本对应。大多数应用程序都包含 OSI 参考模型中的五、六、七 3 层。图 9-1 显示了 OSI 参考模型与 TCP/IP 模型的对应关系。

	OSI模型		TCP/IP模型
七	应用层		应用层
六	表示层	应用层对应关系	
五	会话层		
四	传输层		传输层
三	网络层	负责数据传输	网络互联层
二	数据链路层		网络接口层
一	物理层		

图 9-1　OSI 模型与 TCP/IP 模型

在 OSI 参考模型与 TCP/IP 模型中，应用层的相关软件实现了上层应用与底层数据的对接。当我们打开任何一个应用程序时，就启动了一个应用进程，载入设备的内存。我们打开任务管理器，如图 9-2 所示，所有的应用程序都以进程的方式显示在里面。

图 9-2　任务管理器

163

 9.2　网络服务模式

当人们利用笔记本电脑、PDA、手机等设备上网或者访问其他信息时，都是从别的服务器上下载资源，把资源读取到自己的内存中加以访问，这就是网络服务模式。常见的网络服务模式有以下三种。

- 客户机-服务器模型（Client/Server，C/S）；
- 对等网络服务模型（Peer-to-Peer，P2P）；
- 浏览器-服务器模型（Browser/Server，B/S）。

9.2.1　Client-Server

传统的网络基本服务基本上都是基于客户机-服务器模型（Client/Server，C/S），例如，Telnet、WWW、E-Mail、FTP 等，如图 9-3 所示。

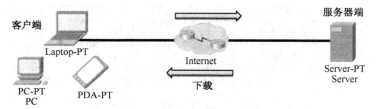

图 9-3　客户机-服务器模型

在此模型中，请求信息的称为客户端，而响应请求的设备称为服务器，客户端与服务器进程都位于应用层。客户端首先发送请求信息给服务器，服务器通过发送数据流来响应客户端。除了数据传输外，客户端与服务器之间还需要控制信息来控制整个过程。

服务器通常是指为多个客户端系统提供信息共享的计算机。服务器可以存储文档、数据库、图片、网页信息、音频与视频文件等数据，并将它们发送到请求数据的客户端。

在客户端与服务器端的数据交互中，由客户端发送数据给服务器的过程称为"上传"，由服务器发送数据给客户端的过程称为"下载"。

9.2.2　Peer-to-Peer

对等网络服务模型（Peer-to-Peer，P2P），又称为点对点网络模型，端系统主机既充当客户机，又充当服务器。两台计算机直接通过网络互连，它们共享资源可以不借用服务器，每台接入的设备都可以作为服务器也可以作为客户端。如图 9-4 所示，两台计算机互连成一个典型的点对点网络。

目前，P2P 应用相当广泛，常见的应用有 Bitcomet、eMule（电驴）、PPLive、迅雷、PPStream 等。

图 9-4　点对点网络

9.2.3　Browser-Server

浏览器-服务器模式（Browser/Server，B/S），是 Web 广泛应用的一种网络结构模式，Web 浏览器是客户端最主要的应用软件。这种模式统一了客户端，将系统功能实现的核心部分集中到服务器上，简化了系统的开发、维护和使用。客户机上只要安装一个浏览器，如 Internet Explorer、Firefox 或者 Google Chrome 等，服务器安装 SQL Server、MYSQL、DB2 等数据库。浏览器通过 Web Server 同数据库进行数据交互。

9.3　应用层协议及服务

应用层涉及的协议与服务多种多样，而在我们日常生活中常用的协议与服务只有几种，表 9-1 是一些日常工作中涉及的应用层协议及与之对应的传输层端口号。

表 9-1　应用层常见服务

应用层协议	传输层协议	端口号
超文本传输协议（HTTP）	TCP	80
域名系统（DNS）	UDP	53
动态主机配置协议（DHCP）	UDP	67
简单邮件传输协议（SMTP）	TCP	25
邮局协议（POP）	UDP	110
文件传输协议（FTP）	TCP	21 和 20
简单文件传输协议（TFTP）	UDP	69
远程登录协议（Telnet）	TCP	23

9.3.1　万维网（WWW）

万维网 WWW（World Wide Web）是一个大规模的、连机式的信息储藏所，并非某种特殊网络，万维网用链接的方法能非常方便地从因特网上的一个站点访问另一个站点，从而主动地按需获取丰富的信息，这种访问方式称为"链接"。

1. 超媒体与超文本

万维网是分布式超媒体（Hypermedia）系统，它是超文本（Hypertext）系统的扩充。一个超文本由多个信息源链接成，利用一个链接可使用户找到另一个文档，这些文档可以位于世界上任何一个接在因特网上的超文本系统中。超文本是万维网的基础。

超媒体与超文本的区别是文档内容不同。超文本文档仅包含文本信息，而超媒体文档还包含其他表示方式的信息，如图形、图像、声音、动画，甚至活动视频图像。

2. 万维网的工作方式

万维网以客户服务器方式工作，浏览器就是在用户计算机上的万维网客户程序，万维网文档所驻留的计算机运行服务器程序，因此这个计算机也称为万维网服务器。

客户程序向服务器程序发出请求，服务器程序向客户程序送回客户所要的万维网文档。在一个客户程序主窗口上显示出的万维网文档称为页面（Page）。

万维网在工作时的几个关键问题是：

① 使用统一资源定位符 URL（Uniform Resource Locator）来标志万维网上的各种文档，使每一个文档在整个因特网的范围内具有唯一的标识符 URL。

URL 的一般形式是<URL 的访问方式>://<主机>:<端口>/<路径>，例如，http://www.siso.edu.cn/Index.htm。

② 在万维网客户程序与万维网服务器程序之间进行交互所使用的协议是超文本传送协议（HyperText Transfer Protocol，HTTP），HTTP 是一个应用层协议，它使用 TCP 连接进行可靠传送，它是万维网上能够可靠地交换文件（包括文本、声音、图像等各种多媒体文件）的重要基础。

③ 使用超文本标记语言（HyperText Markup Language，HTML）设计页面，用户可以方便地访问因特网上的任何一个万维网页面，并且能够在自己的计算机屏幕上将这些页面显示出来。

图 9-5 显示了万维网的工作过程。

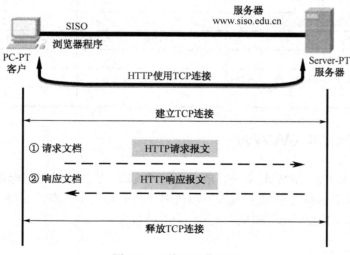

图 9-5　万维网工作过程

9.3.2　域名系统（DNS）

因特网中的域名结构是由 TCP/IP 协议族中的协议 DNS（Domain Name System，DNS）来定义的。许多应用层软件经常直接使用域名系统（DNS），但计算机的用户只是间接而不是直接使用域名系统。

因特网采用层次结构的命名树作为主机的名字，并使用分布式的域名系统（DNS），名字到域名的解析是由若干个域名服务器程序完成的，域名服务器程序在专设的结点上运行，运行该程序的机器称为域名服务器。

1. 因特网的域名结构

因特网采用了层次树状结构的命名方法，任何一个连接在因特网上的主机或路由器，都有一个唯一的层次结构的名字，即域名。域名的结构由若干个分量组成，各分量之间用点隔开，如图 9-6 所示。

> … 三级域名. 二级域名. 顶级域名

图 9-6　域名结构

2. 顶级域名

常见的国际通用域名如表 9-2 所示。顶级域的划分采用了两种划分模式，即组织模式和地理模式。原来只有 8 个域对应于组织模式，其余的域对应于地理模式。2000 年新增 7 个顶级域名。地理模式的顶级域是按国家进行划分的，如 cn 代表中国、jp 代表日本、us 代表美国、uk 代表英国等。

表 9-2　常见顶级域名

顶级域名	分配情况	顶级域名	分配情况
.com	公司企业	.aero	用于航空运输企业
.net	网络服务机构	.biz	用于公司和企业
.org	非赢利性组织	.coop	用于合作团体
.edu	教育机构（美国专用）	.info	适用于各种情况
.gov	政府部门（美国专用）	.museum	用于博物馆
.mil	军事部门（美国专用）	.name	用于个人
国家	各个国家	.pro	用于会计、律师和医师等自由职业者

3. 域名解析

在因特网中，网络只能识别 IP 地址，不能识别人性化的域名。需要一种机制，在通信时能够将域名转换成 IP 地址。域名服务器（DNS Server）完成域名与 IP 地址的转换过程就是域名解析。在 Internet 上，域名服务器解析域名是按域名层次执行的，每个域名服务器不仅能够进行域名解析，还能够与其他域名服务器相连，当本服务器不能解析相关域名时，就会把申请发到上一层次的域名服务器解析，域名服务器共有以下 3 种不同类型。

（1）本地域名服务器（Local Name Server）

因特网的任何域名空间的子域里面都有一个本地域名服务器，保存了本子域的域名与 IP 地址的对应关系。当主机需要域名解析时，首先把请求发送到本地域名服务器进行解析。

（2）根域服务器（Root Name Server）

目前，在因特网上有几十个根域名服务器，大部分在北美。当一个本地域名服务器不能解析某个域名时，它就以 DNS 客户的身份向某个根域名服务器查询。

如果根域名服务器没有所查询的域名信息，但它一定知道被查询主机名字映射的授权域名服务器的 IP 地址。通常根域名服务器用来管辖顶级域，它并不直接对顶级域下面所属的域名进行转换，但它一定能够找到下面的所有二级域名或域名服务器，然后逐级向下解析，直到查询到所请求的域名。

（3）授权域名服务器（Authoritative Name Server）

因特网上的每台主机都必须在授权域名服务器处注册登记。通常一个主机的授权域名服务器就是它的本地 ISP 的一个域名服务器。许多域名服务器同时充当本地域名服务器和授权域名服务器。

为了理解 HTTP 与 DNS 的工作原理，在 Packet Tracer 里搭建拓扑，如图 9-7 所示。

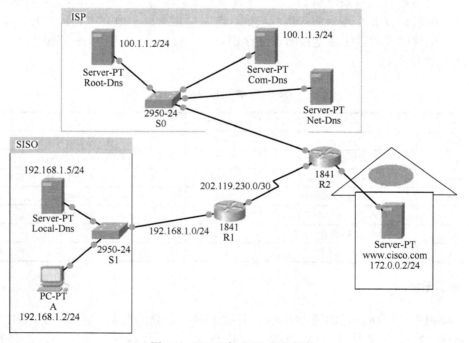

图 9-7　HTTP 与 DNS 工作拓扑

　　主机 A 想要访问网站 www.cisco.com，把模拟器切换到 Simulation 模式，打开主机 A 的浏览器，输入域名 www.cisco.com，首先主机 A 会找到本地域名服务器 Local_Dns 进行解析，而 DNS 工作时在传输层是基于 UDP 协议运行的，端口号为 53，其 UDP 与 DNS 查询报文如图 9-8 和图 9-9 所示。

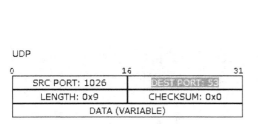

图 9-8　DNS 中的 UDP 报文

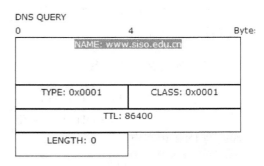

图 9-9　DNS 查询报文

　　从动画中可以看出，本地域名服务器 Local_Dns 无法解析域名，所以域名服务器把查询发往根域名服务器 Root_Dns 服务器，根域名服务器再发往授权域名服务器 Com_Dns 解析，最后把结果发往主机。

　　当解析完域名后就由 HTTP 协议申请网页文件，而 HTTP 协议在传输层是基于 TCP 协议的（TCP 三次握手过程不再介绍，传输层已经详细说明），端口号为 80，其 TCP 与 HTTP 请求报文如图 9-10 和图 9-11 所示。

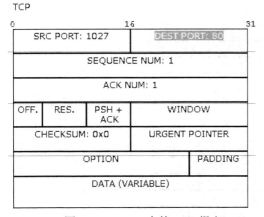

图 9-10　HTTP 中的 TCP 报文

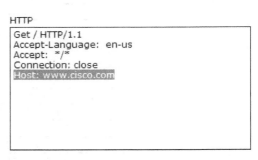

图 9-11　HTTP 请求报文

9.3.3　动态主机配置协议（DHCP）

1. DHCP 概述

　　动态主机配置协议（DHCP）提供了即插即用连网（Plug-And-Play Networking）的机制。这种机制允许一台计算机加入新的网络和获取 IP 地址而不用手工参与。通过 DHCP 服务，网络中的设备可以从 DHCP 服务器获取 IP 地址和其他信息。该协议自动分配 IP 地址、子网掩码、默认网关、DNS 服务器地址等参数。

在大型企业的网络中，DHCP 是分配 IP 地址的首选方法，否则庞大的网络手工分配地址既耗时间又容易出错。DHCP 分配的地址并不是永久的，而是在一段时间内租借给主机的。如果主机关闭或者离开网络，该地址就可以返回地址池中给其他的用户使用，这一点特别适用于现在移动用户办公。

2. DHCP 服务的工作过程

为了便于理解 DHCP 的工作过程，在 Packet Tracer 中搭建拓扑，如图 9-12 所示，需要 IP 地址的主机在启动时就向 DHCP 服务器广播发送发现报文（DHCPDISCOVER），这时该主机就成为 DHCP 客户。

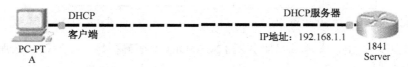

图 9-12　DHCP 工作拓扑

模拟器切换到 Simulation 模式，在主机 IP 地址配置界面单击 DHCP 获得。首先客户端发送 DHCP 发现报文，源 IP 地址为 0.0.0.0，目的地 IP 地址为 255.255.255.255。DHCP 在传输层是基于 UDP 工作的，端口号为 67，如图 9-13 所示，DHCP 发现报文，如图 9-14 所示。

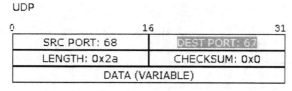

图 9-13　DHCP 的 UDP 报文

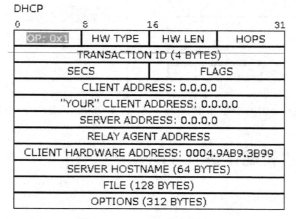

图 9-14　DHCP 发现报文

本地网络上所有主机都能收到此广播报文，但只有 DHCP 服务器才回答此广播报文。DHCP 服务器先在其数据库中查找该计算机的配置信息。若找到，则返回找到的信息；

170

若找不到，则从服务器的 IP 地址池（Address Pool）中取一个地址分配给该计算机（在分配之前 DHCP 服务器首先会发送 ARP 广播信息查看网内是否有人已经用了此 IP 地址）。DHCP 服务器的回答报文叫作提供报文（DHCPOFFER），源 IP 地址为 192.168.1.1，目的 IP 地址为 255.255.255.255，DHCP 提供报文如图 9-15 所示。

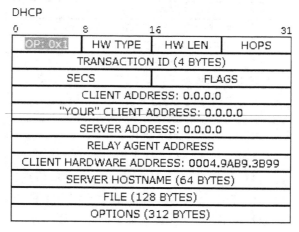

图 9-15 DHCP 提供报文

如果网络上有多台 DHCP 服务器，客户端可能收到多条 DHCPOFFER 消息；此时，客户端必须做出选择，并且发送一个包含服务器标识信息的 DHCP 请求（DHCPREQUEST），与 DHCPDISCOVER 一样，DHCP 请求也是广播信息，目的地 IP 地址为 255.255.255.255，源地址为 0.0.0.0（因为此时客户还没有 IP 地址，所以源地址是 0），DHCP 请求报文如图 9-16 所示。

```
DHCP
0         8        16              31
┌─────────┬─────────┬─────────┬─────────┐
│ OP: 0x1 │ HW TYPE │ HW LEN  │  HOPS   │
├─────────┴─────────┴─────────┴─────────┤
│        TRANSACTION ID (4 BYTES)       │
├───────────────────┬───────────────────┤
│       SECS        │       FLAGS       │
├───────────────────┴───────────────────┤
│         CLIENT ADDRESS: 0.0.0.0       │
├───────────────────────────────────────┤
│   "YOUR" CLIENT ADDRESS: 192.168.1.11 │
├───────────────────────────────────────┤
│      SERVER ADDRESS: 192.168.1.1      │
├───────────────────────────────────────┤
│         RELAY AGENT ADDRESS           │
├───────────────────────────────────────┤
│ CLIENT HARDWARE ADDRESS: 0004.9AB9.3B99│
├───────────────────────────────────────┤
│      SERVER HOSTNAME (64 BYTES)       │
├───────────────────────────────────────┤
│           FILE (128 BYTES)            │
├───────────────────────────────────────┤
│          OPTIONS (312 BYTES)          │
└───────────────────────────────────────┘
```

图 9-16 DHCP 请求报文

如果客户请求的 IP 地址（此 IP 地址是由服务器提议的，如图 9-15 中的"YOUR" CLIENT ADDRESS: 192.168.1.11 标识）可以使用，服务器将返回 DHCP 确认消息（DHCPACK），源 IP 地址为 192.168.1.1，目的地为广播 255.255.255.255，DHCP 确认报文如图 9-17 所示。

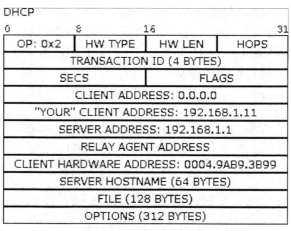

图 9-17　DHCP 确认报文

　　客户申请 IP 地址成功最后，会发送一条 ARP 的确认广播信息，再一次查看是否网络中有其他用户分配了此 IP 地址。DHCP 服务确保网络中的每个主机的 IP 地址是唯一的，通过 DHCP 网络管理员可以轻松地配置客户的 IP 地址，而不需要手动对客户进行修改。

3. DHCP 中继代理

　　并不是每个网络上都有 DHCP 服务器，这样会使 DHCP 服务器的数量太多。现在是每一个网络至少有一个 DHCP 中继代理，它配置了 DHCP 服务器的 IP 地址信息。

　　当 DHCP 中继代理收到主机发送的发现报文后，就以单播方式向 DHCP 服务器转发此报文并等待其回答。收到 DHCP 服务器回答的提供报文后，DHCP 中继代理再将此提供报文发回给主机，DHCP 中继代理的工作原理如图 9-18 所示。

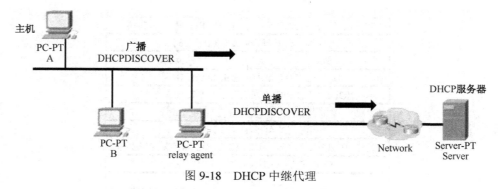

图 9-18　DHCP 中继代理

9.3.4　电子邮件（E-mail）

　　电子邮件（E-mail）是因特网上使用得最多的和最受用户欢迎的一种应用。电子邮件把邮件发送到 ISP 的邮件服务器，并放在其中的收信人邮箱中，收信人可随时上网到 ISP 的邮件服务器上读取。

　　电子邮件可以在两个用户间交互，也可以向多个用户发送同一封邮件，或者将邮件转发给其他用户。电子邮件不仅使用方便，而且还具有传递迅速和费用低廉的优点，现在电子邮件不仅可传送文字信息，而且还可附上声音、图像、应用程序等各类计算机文件。

1. 电子邮件基本概念

电子邮件由信封（Envelope）和内容（Content）两部分组成，电子邮件的传输程序根据邮件信封上的信息来传送邮件，用户在从自己的邮箱中读取邮件时才能见到邮件的内容，在邮件的信封上，最重要的就是收信人的地址，电子邮件信封中的相关信息，可以自动从内容中获得。

TCP/IP 体系的电子邮件系统规定电子邮件地址的格式如图 9-19 所示。

收信人邮箱名@邮箱所在主机的域名

图 9-19　电子邮箱格式

符号"@"读作"at"，表示"在"的意思。例如，jiang123@siso.edu.cn，其中 jiang123 这个用户名在该域名的范围内是唯一的，@siso.edu.cn 表示邮箱所在主机的域名，在全世界范围内也是唯一的。

2. 简单邮件传送协议（SMTP）

简单邮件传输协议（Simple Mail Transfer Protocol，SMTP）是一个简单的基于文本的电子邮件传输协议，是因特网上用于邮件服务器之间交换邮件的协议。SMTP 所规定的就是在两个相互通信的 SMTP 进程之间应如何交换信息，由于 SMTP 使用客户服务器方式，因此负责发送邮件的 SMTP 进程就是 SMTP 客户，而负责接收邮件的 SMTP 进程就是 SMTP 服务器。

SMTP 规定了 14 条命令和 21 种应答信息。每条命令用 4 个字母组成，而每一种应答信息一般只有一行信息，由一个 3 位数字的代码开始，后面附上（也可不附上）很简单的文字说明。

SMTP 通信要经过建立连接、传送邮件和释放连接三个阶段。

① 建立连接：连接是在发送主机的 SMTP 客户和接收主机的 SMTP 服务器之间建立的。SMTP 不使用中间的邮件服务器。

② 传送邮件。

③ 释放连接：邮件发送完毕后，SMTP 应释放 TCP 连接。

3. 邮件读取协议 POP3 和 IMAP

邮局协议（Post Office Protocol，POP）是一个非常简单、但功能有限的邮件读取协议，现在使用的是它的第三个版本 POP3。POP3 是目前与 SMTP 协议相结合最常用的电子邮件服务协议，它为邮件系统提供了一种接收邮件的方式，使用户可以直接将邮件下载到本地计算机上，在自己的客户端阅读邮件。

POP 也使用客户服务器的工作方式，在接收邮件的用户 PC 中必须运行 POP 客户程序，而在用户所连接的 ISP 的邮件服务器中则运行 POP 服务器程序。

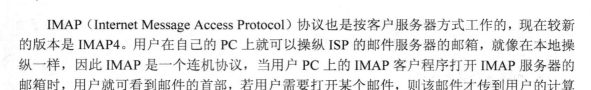

IMAP（Internet Message Access Protocol）协议也是按客户服务器方式工作的，现在较新的版本是 IMAP4。用户在自己的 PC 上就可以操纵 ISP 的邮件服务器的邮箱，就像在本地操纵一样，因此 IMAP 是一个连机协议，当用户 PC 上的 IMAP 客户程序打开 IMAP 服务器的邮箱时，用户就可看到邮件的首部，若用户需要打开某个邮件，则该邮件才传到用户的计算机上。

IMAP 最大的好处就是用户可以在不同的地方使用不同的计算机随时上网阅读和处理自己的邮件。IMAP 还允许收信人只读取邮件中的某一个部分。例如，收到了一个带有视像附件（此文件可能很大）的邮件。为了节省时间，可以先下载邮件的正文部分，待以后有时间再读取或下载这个很长的附件。

IMAP 的缺点是如果用户没有将邮件复制到自己的 PC 上，则邮件一直是存放在 IMAP 服务器上。因此用户需要经常与 IMAP 服务器建立连接。

9.3.5　文件传输

1. 文件传输协议（FTP）

文件传输协议（File Transfer Protocol，FTP）是 Internet 上使用得最为广泛的文件传输协议。FTP 提供交互式的访问，允许客户指明文件的类型与格式，并允许文件具有存取权限。FTP 文件传输服务允许 Internet 上的用户将一台计算机上的文件传输到另一台计算机，几乎所有类型的文件，包括文本文件、可执行文件、音频与视频、Flash、数据压缩等，都可以使用 FTP 传输。

文件传送协议（FTP）只提供文件传送的一些基本的服务，它使用 TCP 可靠的运输服务。FTP 的主要功能是减少或消除在不同操作系统下处理文件的不兼容性。

FTP 使用客户服务器方式，一个 FTP 服务器进程可同时为多个客户进程提供服务。FTP 的服务器进程由两大部分组成，一个主进程，负责接受新的请求；另外有若干个从属进程，负责处理单个请求。

主进程主要负责打开端口（端口号为 21），使客户进程能够与服务器建立连接，等待客户进程发出连接请求。当客户进程向服务器进程发出连接请求时，就需要找到端口号 21，同时还要告诉服务器进程自己的另一个端口号，用于建立数据传输连接，然后服务器进程利用端口号 20 与客户进程所提供的端口号建立数据传输连接。

2. 简单文件传输协议（TFTP）

简单文件传送协议（Trivial File Transfer Protocol，TFTP）是一个很小且易于实现的文件传送协议。TFTP 使用客户服务器方式和 UDP 数据报，因此 TFTP 需要有自己的差错改正措施。

9.3.6　远程登录（Telnet）

Telnet 是一个简单的远程终端协议，也是因特网的正式标准。用户用 Telnet 就可在其所在地通过 TCP 连接注册（即登录）到远地的另一个主机上（使用主机名或 IP 地址）。

Telnet 能将用户的击键传到远地主机，同时也能将远地主机的输出通过 TCP 连接返回到用户屏幕，这种服务是透明的，因为用户感觉到好像键盘和显示器是直接连在远地主机上。现在由于 PC 的功能越来越强，用户已经较少使用 Telnet 了。

Telnet 也使用客户服务器方式，在本地系统运行 Telnet 客户进程，指定远程计算机的名字，而远程主机则运行 Telnet 服务器进程。和 FTP 的情况相似，服务器中的主进程等待新的请求，并产生从属进程来处理每一个连接。

9.4　复习题

1. 选择题

① 应用程序迅雷属于什么网络服务模式（　　）。

A. 客户机／服务器模型

B. 对等网络服务模型

C. 浏览器／服务器模型

D. 公司服务模型

② HTTP 协议的作用是什么（　　）。

A. 将 Internet 名称转换成 IP 地址

B. 提供远程访问服务

C. 传送组成 WWW 网页的文件

D. 传送邮件消息

③ 邮局协议 POP 使用什么端口号（　　）。

A. TCP/UDP 端口 23

B. TCP 端口 80

C. DUP 端口 110

D. TCP 端口 25

④ 远程登录使用（　　）协议。

A. SNMP

B. IMAP

C. TFTP

D. Telnet

⑤ Internet Explorer 是目前最常用的浏览器软件之一，它的主要功能之一是浏览（　　）。

A. 网页文件

B. 文本文件

C. 多媒体视频

D. 图像文件

⑥ WWW 的超链接中定位信息所在位置使用的是（　　）。

A. 超文本（Hypertext）

B. 统一资源定位器 URL

C. 超媒体技术（HyperMedia）

D. 超文本标记语言 HTML

⑦ DHCP 协议能够为网络上的客户端（　　　）。

A. 提供视频会议服务

B. 播放视频文件

C. 获取 IP 地址

D. 上网冲浪

⑧ 因特网用户的电子邮件地址格式必须是（　　　）。

A. 用户名@单位网络名

B. 单位网络名@用户名

C. 用户名@邮件服务器域名

D. 邮件服务器域名@用户名

⑨ 下列域名中，哪一个不是顶级域名（　　　）。

A. .edu

B. .org

C. .sohu

D. .com

⑩ 下列符合 URL 命名规范的是（　　　）。

A. ftp:\\www.abc.edu.cn

B. www://www.abc.com

C. http://www.abc.edu.cn:80/index.htm

D. ftp.abc.com:8080/login.aspx

2. 填空题

① 远程登录服务协议 Telnet 使用的端口号是＿＿＿＿＿＿＿。

② DNS 是一个分布式数据库系统，它的三个组成部分是地址转换请求程序、域名空间和＿＿＿＿＿＿＿。

③ 在 HTTP 中用统一资源定位器＿＿＿＿＿＿＿标识被操作的资源。

④ OSI 参考模型的＿＿＿＿＿＿＿层、＿＿＿＿＿＿＿层和＿＿＿＿＿＿＿层构成了 TCP/IP 模型的应用层。

⑤ 电子邮件用户和服务器通常使用＿＿＿＿＿＿＿、＿＿＿＿＿＿＿和＿＿＿＿＿＿＿三种主要的协议来处理电子邮件。

3. 解答题

① 请说明域名解析过程及域名服务器的类型。

② 请简单说明 DHCP 协议的工作过程及工作中发送的数据报类型。

③ 试列出 5 种以上应用层的服务器协议并说明其基本功能，以及在传输层的端口号分别是多少？

9.5 实践技能训练

实验 HTTP 与 DNS 服务器搭建与配置

1. 实验简介

本练习将使用 Packet Tracer 搭建拓扑，架设 HTTP 服务器和 DNS 服务器，要求对两个服务器进行正确配置，使用户能够通过域名访问 Web 服务器。

2. 学习目标

- 理解 HTTP 的工作原理；
- 理解 DNS 的工作原理；
- 掌握 HTTP 服务器的安装与配置方法；
- 掌握 DNS 服务器的安装于配置方法。

3. 实验任务与要求

① 按图 9-20 所示搭建实验拓扑。

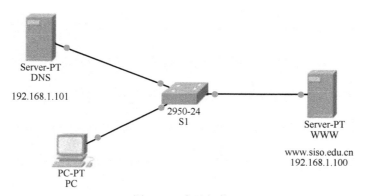

图 9-20 实验拓扑

② IP 地址分配与配置。

按表 9-3 所示给三台设备分配 IP 地址的相关参数。

表 9-3 IP 地址安排表

设备	IP 地址	子网掩码
PC	192.168.1.1	255.255.255.0
DNS	192.168.1.101	255.255.255.0
HTTP	192.168.1.100	255.255.255.0

③ 配置 HTTP 服务器并打开 HTTP 服务器。

④ 配置 DNS 服务器并打开 DNS 服务器。

在 DNS 服务器上设定 IP 地址与域名对应关系，域名为 www.siso.edu.cn。

⑤ 测试。

在 PC 上打开浏览器，输入 IP 地址 192.168.1.100，应该能够正常访问 Web 服务器，关闭后重新打开浏览器，输入域名 www.siso.edu.cn，应该能够正常访问 Web 服务器。

4. 实验拓展

① 将模拟器切换到 Simulation 模式，观察输入 IP 地址与输入域名访问 Web 的差别。

② 把 DNS 工作的相关数据报文与 HTTP 工作的相关数据报文截图保存下来。

第 10 章

局域网技术

【本章知识目标】

- 了解局域网的技术特点
- 熟悉 Ethernet 局域网以及交换局域网、高速以太网、虚拟局域网的基本工作原理
- 理解以太网集线器和交换机的工作原理和区别
- 掌握无线局域网技术和无线 AP

【本章技能目标】

- 掌握局域网组网的基础知识与能力
- 掌握利用 Packet Tracer 组建局域网的技术

10.1 以太网概念与 IEEE 802 标准

以太网技术是由电子工程师协会（IEEE）标准描述的基带局域网规范，它由 Xerox（施乐）公司创建，且与 Intel 与 DEC 公司联合开发，以太网是当今现有局域网中最通用的通信协议标准，其他局域网标准如 FDDI 光纤数据式分布接口、令牌环等。以太网技术不断发展，以太网标准也经历了一系列的发展。

- 1980 年第一个以太网标准产生。
- 1985 年，本地和城域网的电子工程师协会（IEEE）标准委员会发布了 LAN 标准，这类标准以数字 802 开头，以太网标准是 IEEE 802.3。IEEE 802.3 兼容了 OSI 模型第一层以及第二层下半层〔数据链路层的介质控制（MAC）访问子层〕的需求，图 10-1 显示了 IEEE 802 标准。

数据链路层	IEEE 802.1体系结构、网络的管理和互连							
	IEEE 802.2逻辑链路控制（LLC）							
	IEEE 802.3 CSMA/CD 载波监听多路访问/冲突检测	IEEE 802.4 Token Bus 令牌总线	IEEE 802.5 Token Ring 令牌环	IEEE 802.6 城域网 分布式双 队列总线 DQDB	IEEE 802.7 宽带技术	IEEE 802.9 语音数字 综合局域网	IEEE 802.10 局域网 信息安全	IEEE 802.11 无线局域网
物理层	物理规范	物理规范	物理规范	物理规范	物理规范	物理规范	物理规范	物理规范

图 10-1　IEEE802 标准系列

以太网自 20 世纪 70 年代产生以来，从最初的 3 Mbps 发展到每秒百兆数据位一直到现在已经可以达到 10 Gbps。现在的以太网技术已经可以作为城域网（MAN）和 WAN 标准。

10.1.1　以太网拓扑

1. 早期的以太网

以太网作为局域网通信协议标准，最初是将多台计算机互连，它的拓扑为总线型，如图 10-2 所示。由于总线型会导致多台计算机同时发送数据时产生冲突，因此为解决冲突采用了 CSMA/CD 载波监听多路访问/冲突检测介质访问方法。以太网最初使用 10BASE5 粗缆和 10BASE2 细缆同轴电缆。10BASE5 粗缆可使信号在中继之前传输距离达 500 m；10BASE2 细缆电缆的传输距离为 185 m。

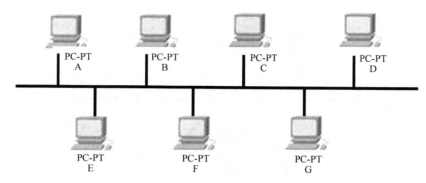

图 10-2　早期总线型以太网

2. 传统以太网

以太网的发展经过快速的发展时期，以太网的介质和拓扑都在发生变化。10BASE-T 以太网使用集线器作为网段中心点的物理拓扑，如图 10-3 所示。从本质上，这种网络共享介质，逻辑上为总线型。集线器作为物理网段的中心设备，集中所有连接，它相当与一个端口收到数据，会复制到其他端口，局域网内的所有网段都会接收该数据。

在共享介质环境中，网络设备上的带宽是共享的，节点共享介质当然就会出现介质争用问题。解决介质争用问题同样使用上一代以太网采用的 CSMA/CD 的 MAC 方法。

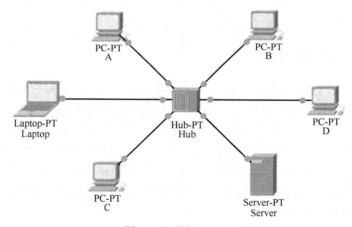

图 10-3　传统以太网

3. 现代以太网

网络数据需求的发展迅速增长，以太网的速度从 10 Mbps 到 100 Mbps，到现在局域网交换机的出现是以太网最主要的发展。100 Mbps 以太网被称为快速以太网，交换机取代了集线器，局域网的性能得到了很大提升。交换机可以隔离所有端口，帧可端口对端口发送，这样数据的发送得到了有效控制。交换机以及后来全双工通信的出现，使以太网的速度发展到了 1 Gbps。现代以太网使用物理星型拓扑和逻辑点对点拓扑，如图 10-4 所示。

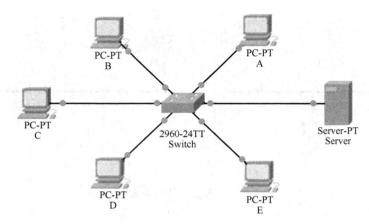

图 10-4 现代以太网

现代网络可满足人们对数据传输、图像、语音越来越大的需求量，吉比特以太网的出现可提供 1 000 Mbps 以上的网络带宽，使网络性能的提高非常明显。当然吉比特以太网的传输介质不一定完全取代电缆和交换机。但是使用光缆后，数据传输距离大幅延长。

10.1.2　以太网物理层与数据链路层

以太网是负责实现物理层和数据链路层的介质控制访问子层（MAC）。IEEE 802.3 规定了包括物理层的连线、电信号和介质访问层协议的内容。

1. 逻辑链路控制子层（LLC）

在 OSI 模型中，数据链路层包含逻辑链路控制子层（LLC）和介质控制（MAC）访问子层。局域网的底层提供尽力的数据报业务，但不保证数据的可靠传输。因此，逻辑链路控制子层（LLC）运行在介质控制（MAC）访问子层之上。LLC 负责处理上层的网络软件和下层硬件之间的通信，向上统一了数据链路层的接口，从而屏蔽各种物理网络的实现细节。除此之外，LLC 子层还负责处理诸如差错控制、流量控制等问题；LLC 通过软件实现，它的实现不受物理设备影响。因此，LLC 一般可以作为网卡的驱动程序软件，在介质与介质访问控制子层之间传送数据的程序。

LLC 可以提供不确认的无连接服务，确认的无连接服务和确认的面向连接的服务 3 种服务。

- 不确认的无连接服务：数据双方不建立连接，接收方也不要求应答，因此数据传送不保证正确。
- 确认的无连接服务：数据双方不建立连接，但接收方对收到的每一帧数据确认应答，因而保证数据链路层数据正确传送。
- 确认的面向连接服务：在数据传输前双方需要连接，接收方必须对收到的帧进行错误检查、排序和应答，如果出错要求数据重传，保证了链路层全部数据正确有序传递。

2. 介质控制访问子层（MAC）

介质访问控制（MAC）是数据链路层以太网子层的下半层，它与 LLC 不同之处是，MAC 采用硬件方式实现其功能。

以太网 MAC 的主要功能有数据封装和介质访问控制。值得一提的是，MAC 子层与不同的物理层实现方法有关。

3. IEEE 802.3：CSMA/CD（载波监听多路访问／冲突检测访问）

总线局域网由于共享传输介质产生冲突，为了解决信道争用的问题，IEEE 802 标准组采用 IEEE 802.3 二进制指数退避和 1-坚持 CSMA/CD 标准。IEEE 802.3 在物理层配置方面是灵活多样的。IEEE 802.3MAC 帧在 MAC 子层实体之间进行数据交换。图 10-5 所示为 IEEE 802.3MAC 帧格式。

前导码P	帧起始符 SFD	目的地址 DA	源地址 SA	LLC 帧长度	数据	填充字符 PAD	帧校验序列 FCS

图 10-5　IEEE 802.3 MAC 帧格式

在 IEEE 802.3 MAC 中，以上 8 个字段除了数据字段和填充字段外，其余的长度都是固定的。

- 前导码和帧起始定界符（SFD）：前导码（7 字节），每个字节的比特模式为 "10101010"，用于实现收发双方的时钟同步；帧起始定界符占 1 字节，其比特模式为 "10101011"，用于指明一帧的开始。这 2 个字段主要用于同步发送设备和接收设备。帧的前导码的作用是使接收端能根据 "1"、"0" 交变的比特模式迅速实现比特同步，当检测到连续两位 "1" 时，便将后面的信息交给 MAC 子层。
- 目的地址（DA）：该字段占 2～6 字节。第二层地址用来确定帧是否发给地址，它可以是单个地址，也可以是广播或组播地址。如果设备发现帧的地址与自己的地址匹配，设备就接收该帧。交换机也是使用该地址确定转发端口的。
- 源地址（SA）：该字段占 2～6 字节，用于标志帧的源端口或网卡。交换机会将该类地址添加到设备查询表中。
- 长度：该字段占 2 字节，用于定义帧的数据字段的准确长度。CSMA/CD 协议为了正常工作，需要利用一个最短帧长度。在需要的时候可在数据字段之后、FCS 帧校验序列之前以字节为单位添加填充字符，用于确认是否准确收到报文。
- 数据和填充字符（PAD）：这两个字段总和为 46～1 500 字节，包含来自较高层的封装数据，通常是指网络层的 PDU。所有帧必须至少包含 64 字节。如果数据包小，则帧要填充到 64 字节。
- 帧校验序列（FCS）：该字段占 4 字节，使用 CRC 循环冗余检测校验码检测帧中的错误。发送端在帧的 FCS 字段包含 CRC 的结果。当接收设备准备接收帧时，将数据接收的帧内容生成 CRC，若计算匹配，则表示没发生错误；若计算结果不匹配，则表示发生了错误，帧将会被丢弃。

10.1.3 以太网 MAC 地址编址

1. 以太网 MAC 地址

数据链路层编址主要确定接收的帧是发送给哪里节点的。每台设备用 MAC 地址进行标志，每个帧中包含目的 MAC 地址。在以太网中用唯一的 MAC 地址标识源和目的设备。MAC 编址将作为第二层的 PDU 进行填充。以太网 MAC 地址是 12 个十六进制数字的 48 位二进制值。IEEE 分配了一个 3 字节（24 位）的代码，称为组织唯一标识符（OUI）。一般来说，每一块网卡都有一个固定的 MAC 地址，MAC 地址将被烧入网卡的 ROM（只读存储器）中。需要注意的是，分配给网卡或其他以太网设备的所有 MAC 地址都必须使用厂商分配的 OUI 作为前 3 字节；OUI 相同的 MAC 地址以最后三字节唯一标识，它可以是厂商代码或者序列号。以太网 MAC 地址结构如图 10-6 所示。

组织唯一标识符OUI	厂商分配的（网卡、接口）
24位，6个十六进制数字	24位，6个十六进制数字
00-60-2F（Cisco）	特定设备

图 10-6 以太网 MAC 地址结构

2. 十六进制编址

MAC 是以十六进制来表示的，因此首先简单来了解一下十六进制。以 16 为基数，分别使用数字 0~9 和 A~F 来表示 0~9、10~15，逢 16 进 1。使用一个十六进制数字取代四位二进制数字。由于 8 位二进制表示一字节，因此从 00000000~11111111 可表示为从 00~FF 的十六进制数字。比如，二进制数 00011011 就可以表示为十六进制 1B。特别需要注意的是，若出现的两位都为数字，比如十六进制 27。为了区分十进制和十六进制，十六进制的表示法以"0x"为前导，或在数字后面加上表示十六进制的符号 H。因此，上例中可以表示为 0x27 或 0x27H。

3. 查看 MAC 地址

查看 MAC 地址，可以使用 ipconfig/all 或 ifconfig（在 LINUX 中查看地址命令）命令。下例中使用 Packet Tracer 模拟器查看计算机的物理地址（如图 10-7 所示），因此该命令在模拟器中同样也可以使用。

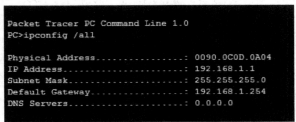

图 10-7 查看计算机的物理地址

4. 以太网单播、多播和广播

单播 MAC 地址是帧从设备一对一发送时使用的唯一地址。如图 10-8 所示，源主机向 IP 地址为 192.168.1.10 的服务器请求网页。在发送帧中，为了传送和接收数据包，目的 IP 地址必须包含在 IP 数据包头中。响应的 MAC 地址也必须包含在以太网帧头中。两者相结合，数据才能正确传送到特定的目的主机。

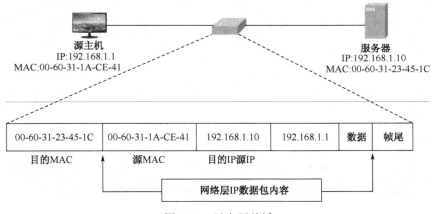

图 10-8　以太网单播

广播的目的是让所有节点接收和处理帧。数据链路层使用一个特殊的地址实现广播。在以太网中，广播 MAC 地址是 48 个 1，十六进制为 FF-FF-FF-FF-FF-FF。以太网广播如图 10-9 所示。

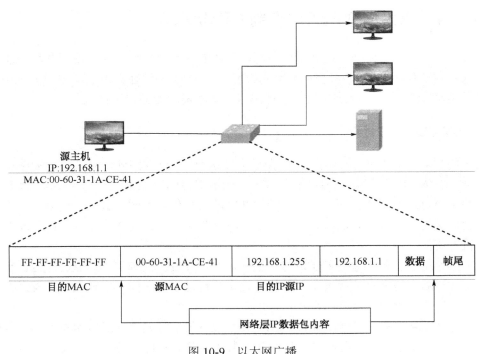

图 10-9　以太网广播

组播地址允许源主机向一组设备发送数据包，它即可以抑制由广播可能引起的资源浪费，也可以有效地完成单点对多点的数据传播。多播地址是一个特殊的十六进制数值，以 01-00-5E 开头。将 IP 多播组地址的低 24 位换算成以太网地址中剩余的 6 个十六进制字符，它作为多播 MAC 地址的结尾，MAC 地址剩余的位始终为"0"。以太网组播如图 10-10 所示。

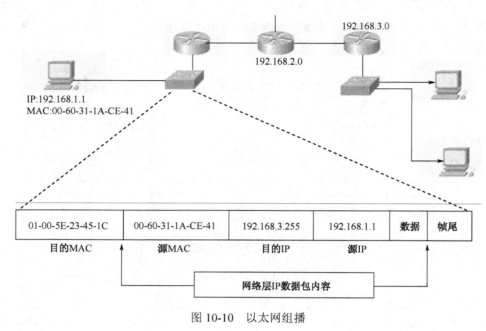

01-00-5E-23-45-1C	00-60-31-1A-CE-41	192.168.3.255	192.168.1.1	数据	帧尾
目的MAC	源MAC	目的IP	源IP		

网络层IP数据包内容

图 10-10   以太网组播

10.1.4   以太网介质访问控制 CSMA/CD

以太网中的 MAC 根据实现类型而不同。上文中提到的传统以太网使用共享介质解决冲突的方式是载波侦听多路访问 / 冲突检测（CSMA/CD）。当然在目前主流的以太网中，交换机解决了共享介质引起冲突的问题，这种网络，就不需要 CSMA/CD。

1. CSMA/CD 工作过程

由于所有共享介质的设备在同样的介质上发送数据，以太网使用载波侦听多路访问 / 冲突检测（CSMA/CD）检测和处理冲突，CSMA 用来检测电缆上的电信号活动，CSMA/CD 用来对网络节点边发送边监听，一旦监听到冲突就立刻停止发送。这样信道会空闲下来从而提高了信道利用率。因此，CSMA/CD 的工作过程有 3 步：边发送边监听；检测冲突；遇拥塞而随机退避。

- 监听发送：在 CSMA/CD 访问方法中，所有要发送的数据都必须在发送之前监听，若检测到信道有其他设备的信号，就会等待指定的时间再尝试发送；反之，一旦检测到信道为空，就立即发送。
- 冲突检测：若第一台设备 A 检测到相邻设备没有发送，会进行数据发送。若此时信道上产生了冲突，设备 C 也同时进行数据传递，两台设备的数据会坚持传播到产生信号相互碰撞而发生冲突，当然由于冲突原本传播的数据会造成损毁。在发送时，设备一直监听介质，由此来确定是否有冲突发生。如果没有冲突发生，则设备回到监听状态。图 10-11 所示为多个设备冲突。

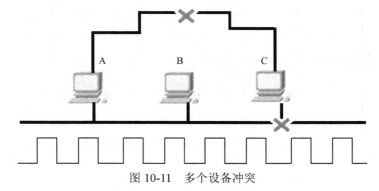

图 10-11　多个设备冲突

● 遇拥塞而随机退避：拥塞信号是指当冲突发生之时，检测到冲突的发送设备将持续传输一个特定的时段，以此来保证网络上的所有设备检测到冲突。拥塞信号也通知其他设备已发生了冲突，以便其他冲突设备调用回退算法。回退算法可以让所有设备停止发送一段随机时间，由此冲突消除介质恢复正常。拥塞信号如图 10-12 所示。

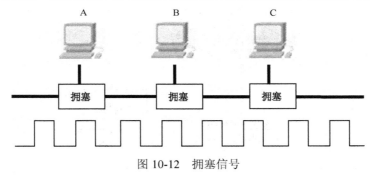

图 10-12　拥塞信号

2．冲突域

当一个网段利用集线器连接时，由于集线器在物理层运行，只处理介质中的信号，因此集线器共享介质的拓扑中可能发生冲突。产生冲突的条件包括：越来越多的设备连接网络；设备对网络介质的访问越发频繁；设备之间的距离越来越长。由此可见，通过集线器访问公共介质的相连设备称为冲突域，冲突域也可以称为网段。集线器和中继器也可以使冲突域增长，如图 10-13 和图 10-14 所示。

3．二进制指数退避算法

在 CSMA/CD 协议中，当冲突发生后，所有设备都停止发送电缆信号，并且等待一个完整的时间间隙，发送有冲突的设备必须再等待一段时间，然后才可以重新发送冲突的帧。等待的时间会根据冲突的重复性逐渐增长。等待时间不一定是确定的，它会伴随着长短的间隔，这样就避免了更多冲突。为了保证这种退避，维持稳定，采用二进制指数退避算法技术，其算法过程如图 10-15 所示。

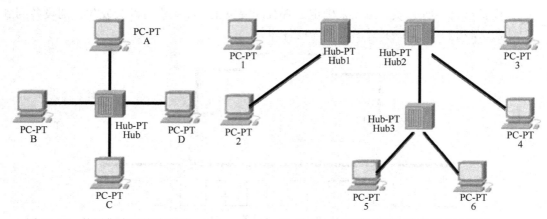

图 10-13　使用集线器的冲突域　　　　　图 10-14　使用集线器互连的扩展冲突域

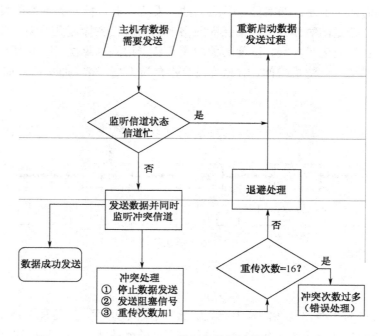

图 10-15　二进制指数退避算法

① 对于每个数据帧，设置一个时间间隙，将冲突发生后的时间划分为长度为 2t 的时隙。

② 当第一次发生冲突后，退避间隔取 1～L 个时间片中的一个随机数，各个站点等待 0 或 1 时隙再开始重传。

③ 当发生第二次冲突后，各个站点随机地选择等待 0、1、2 或 3 时隙再开始重传。

④ 当第 i 次冲突后，在 0～2 的 i 次方减 1 间随机地选择一个等待的时隙数，再开始重传。

⑤ 设置一个最大重传次数，超过该次数，就不再重传，并报告错误。

实例：如果第二次发生碰撞。

$n = 2$

$k = \text{MIN}(2,10) = 2$

$R = \{0, 1, 2, 3\}$

延迟时间 = $\{0, 51.2\ \mu s, 102.4\ \mu s, 153.6\ \mu s\}$，其中任取一值。

10.2 集线器和交换机

传统以太网以共享介质实现，这些拓扑以集线器为网段中心节点。下面章节将介绍以交换机实现的以太网。

10.2.1 传统以太网

传统以太网使用共享介质和竞争的 MAC 机制。传统的以太网利用集线器互连节点，采用这种方式，在一个局域网内只能同时有且仅有一个客户端发送数据，其他客户端若要发送数据，必须等待一段时间。

当今的以太网局域网已经很少使用集线器了，当然一些小型的局域网或带宽较低的局域网仍然会使用。使用集线器的以太网存在的问题有如下所述。

● 缺乏可扩展性，设备可以共享的带宽有限。

● 延时增长。网络延时指信号通过介质到达目的端所耗费的所有时间。

● 网络故障增多：网络中的任何设备都有可能导致其他设备发生故障。

● 冲突增多：如果多个节点同时发送数据，将会发生冲突并且造成数据会丢失，冲突的节点会发送拥塞信号，等待一段随机时间后再重新发生其数据。

10.2.2 交换以太网

交换以太网支持的协议仍然是 IEEE 802.3/以太网，交换机现今已迅速成为大多数网络的基本组合部分。以太网交换机工作于 OSI 网络参考模型的第二层（即数据链路层），是一种基于 MAC（Media Access Control，介质访问控制）地址识别、实现以太网数据帧转发的网络设备。交换机能同时连通许多对端口，使每一对相互通信的主机都能像独占通信媒体那样进行无冲突地传输数据。交换机可以将局域网划分多个单独的网段（冲突域），其每个端口都代表一个单独的网段，如此该端口连接的节点可以享有完全的介质带宽。这里需要说明的是，本章介绍"以太网交换机"是指传输带宽在 100 Mbps 以下的交换机。

1. 交换机直连节点

交换机直连网络如图 10-16 所示，所有节点直接连接到交换机的网段中，根据交换机的特点，每台主机独占端口，网络的吞吐量和性能会大幅提升。交换机提高性能的主要原因有：每个端口独占带宽；没有冲突；全双工操作。

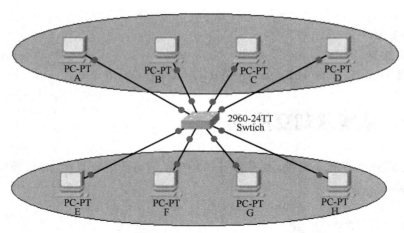

图 10-16　交换机直连节点

- 专用带宽：在设备与交换机之间，每台设备都有一个专用的点到点连接。举例来说，图 10-16 所示 8 个节点的 100 Mbps LAN，所有节点的平均带宽为 100 Mbps。
- 无冲突：交换机的点对点方式消除了设备之间的介质竞争，节点之间不会发生任何冲突，交换机的吞吐量速率远胜于传统网络。
- 全双工操作：交换使网络运行于全双工以太网环境中，设备与交换机之间无冲突，发送速度有效地提高了一倍。例如，如果网络速度为 100 Mbps，则节点在以 100 Mbps 发送数据的同时，又能以同样的速度接收数据。

2. 选择性转发

以太网交换机选择性地将一帧转发到接收端口。这一选择性地转发过程在点和点之间建立起临时的连接，每个发送数据的节点都可以独占所有的带宽。

在交换以太网中，交换机是以物理地址来识别端口的，因此目的 MAC 地址用于完成点对点连接，接收节点用它来判断帧是否发给自己，交换机也用目的 MAC 地址确定帧应从哪个接口转发。在全双工模式下运行的任何节点都可以随时发送帧，因为局域网交换机会缓冲收到的帧，等到适当的端口空闲再转发给节点，这个过程称为"存储转发"。通过该过程，交换机可以接收完整的帧，检查帧校验序列（FCS）是否有错误，然后将帧转发到合适的目的端口。

交换机在端口上接收计算机发送过来的数据帧，根据帧头的目的 MAC 地址查找 MAC 地址表，然后将该数据帧从对应端口上转发出去，从而实现数据交换。交换机中存在 MAC 地址表，该表将目的 MAC 地址与需要连接的端口进行映射。当接收到一帧时，交换机将匹配帧头中的 MAC 地址与 MAC 表中的地址列表。一旦匹配到，与表中的 MAC 地址配对的端口号将用作帧的发送端口。

如图 10-17 所示，帧从主机 A 发送到主机 B。主机 A 发送帧的目的地址含有 1B 的帧。交换机接收此帧并检查确定 1B 连在交换机上的哪个端口。若已匹配，交换机会如图 10-17 所示从端口 5 发送给主机 B，其他端口不会收到该帧。

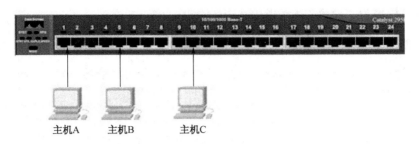

图 10-17　MAC 地址的转发

3. 交换机的工作原理

以太网局域网交换机的工作过程大致分为"学习、记忆、接收、查表、转发"四个："学习"可以了解到每个端口上所连接设备的 MAC 地址；将 MAC 地址与端口编号的对应关系"记忆"在内存中，生产 MAC 地址表；从一个端口"接收"到数据帧后，在 MAC 地址表中"查找"与帧头中目的 MAC 地址相对应的端口编号，然后，将数据帧从查到的端口上"转发"出去。

4. 交换机的操作

以太网局域网交换机采用学习、过期、泛洪、选择转发、过滤等操作来实现其用途。

（1）学习

MAC 表中映射了 MAC 地址与交换机相应端口。学习使交换机在运行期间可以动态获取这些映射。一旦帧进入交换机，交换机会检查源 MAC 地址，通过查询过程，交换机会识别该条 MAC 信息是新的还是已经存在地址表中。若是新地址，交换机将使用源 MAC 地址在 MAC 表中新建一个条目，然后匹配目的端口的 MAC 地址是否已包含，交换机可以使用此映射将帧转发到该节点。

（2）时间戳过期

交换机中学习的 MAC 表中的条目具有时间戳。时间戳用于从 MAC 表中删除旧的记录。当表中新建一条记录后，就会使用其时间戳作为起始值开始递减。当值计数到 0 时，记录会自动识别为过期，并从 MAC 表中删除。

（3）泛洪

交换机若发现学习到的目的端口无法匹配 MAC 表中记录，此时记录会被广播发送给所有端口，该过程称为"泛洪"。

（4）选择性转发

选择性转发是检查帧的目的 MAC 地址后将帧从记录表中的端口转发出去的过程。这是交换机最核心的动能。

（5）过滤

交换机不是对所有帧都会转发。交换机除了不会转发没有记录的帧外，还会丢弃损坏的帧。若帧没有通过 CRC 检查，就会直接被丢弃。这样做也保证了帧转发的安全性。

10.3 高速以太网

网络的日益普及，网络流量激增，特别是当多个以太网互连时网络带宽负荷过重，随着提高局域网速度的需求也与日俱增。

10.3.1 光纤分布式数据接口（FDDI）环网

光纤分布式数据接口（Fiber Distributed Data Interface，FDDI）是利用光纤作为传输介质的高性能令牌环网，它是利用光缆发送数字信号的一组协议。FDDI 的逻辑拓扑是一个环形，以光缆作为传输介质，数据传输速率可达到 100 Mbps，采用 4B/5B 编码，要求信道介质的信号速率达到 125 MBaud（波特率，数据在介质上每秒中发生信号变化的度量）。FDDI 是光纤数据在 200 km 内的局域网上传输的标准。FDDI 协议基于令牌环协议。它不但可以支持长距离传输，而且还支持多用户。FDDI 使用基于 IEEE 802.5 令牌换标准的令牌传递协议，FDDI 使用双环令牌传递网络拓扑结构，双环表示发送数据和接收数据的方向相反。FDDI 与 IEEE 802 低速网之间可实现高带宽通用互连。

在 FDDI 的逻辑拓扑结构中，光纤上传输的数据单元称为媒体访问控制（MAC）帧。FDDI MAC 帧的格式如图 10-18 所示。

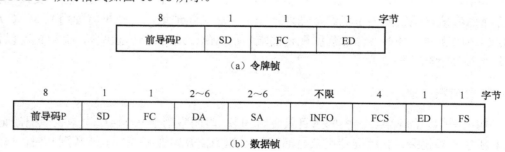

图 10-18　FDD IMAC 帧格式

- 前导码 P：帧首序列，用来收发双方实现时钟同步。帧起始站发出的前导码由 64 比特的 16 个空闲符号组成。
- SD：帧首定界符。表示帧的开始，占 1 字节。

- FC：帧控制（2 个符号）。帧格式为：

C	L	F	F	Z	Z	Z	Z

C 表明帧类型，L 表明 16 比特或 48 位地址，FF 表明该帧是 LLC 帧还是 MAC 控制帧。

- DA：目的端 MAC 地址。
- SA：源端 MAC 地址。
- INFO：信息，包括 LLC 数据和与操作有关的信息，最大帧不超过 4 500 字节。
- FCS：帧检验序列，占 4 字节
- ED：帧尾定界符，对于令牌，ED 的长度为 8 比特，对其他帧则为 4 比特。
- FS：帧状态，用于返回地址识别、数据差错及数据复制等状态。每个状态用一个 4 比特 MAC 控制符号来表示。

10.3.2　快速以太网

快速以太网可以满足日益增长的网络数据流量速度需求，快速以太网规定了以太网传输速度必须高于 100 Mbps。它使用 IEEE 802.3 的新标准，使用不同的编码要求来实现更高的数据速率。快速以太网通常使用的传输介质为双绞线铜缆或光纤。快速以太网仍基于载波侦听多路访问和冲突检测（CSMA/CD）技术，当网络负载较重时，效率会降低，但是现在可以使用交换技术来弥补。

目前流行的 100 Mbps 快速以太网标准分为 100 BASE-TX（使用 5 类以上 UTP 铜缆或两股光缆）、100BASE-FX（使用光缆）、100BASE-T4（使用 3，4，5 类无屏蔽双绞线或屏蔽双绞线）3 个子类。

1. 100BASE-TX

100BASE-TX 是支持通过 5 类数据级无屏蔽（UTP）双绞线或光缆的快速以太网技术，它使用两对电缆，一对用于发送，一对用于接收数据。在传输中使用 4B/5B 编码方式，信号频率为 125 MHz。使用同 100BASE-T 相同的 RJ-45 连接器，它的最大网段长度为 100 m，支持全双工的数据传输。100BASE-TX 以物理星型拓扑连接，网络中心一般使用交换机。

2. 100BASE-FX

100BASE-FX 与 100BASE-TX 采用相同的信号过程，是一种使用光缆的快速以太网技术。与 100BASE-TX 虽然编码、解码和时钟频率相同，但信号发送的是光脉冲。100 BASE-FX 可使用单模和多模光纤（62.5 μm 和 125 μm），多模光纤连接的最大距离为 550 m。单模光纤连接的最大距离为 3 000 m。100 BASE-FX 支持全双工的数据传输，100BASE-FX 特别适合于有电气干扰的环境、较大距离连接或高保密环境等情况下的应用。

3. 100BASE-T4

100BASE-T4 是可使用 3、4、5 类无屏蔽双绞线或屏蔽双绞线的快速以太网技术，它使用 4 对双绞线，3 对用于传送数据，1 对用于检测冲突信号，在传输中使用 8B/6T 编码方式，信号频率为 25 MHz，使用 RJ-45 连接器，最大网段长度为 100 m。

10.3.3 千兆位以太网

随着多媒体技术、移动终端技术及桌面视频等技术的不断发展，用户对局域网的带宽提出了更高的要求。千兆位以太网以原有以太网帧格式为基础，最大帧长为 1 518 字节，最小帧为 46 字节，同样使用 CSMA/CD 技术，只是在底层将数据速率提高到了 1 000 Mbps（1 Gbps）。千兆位以太网主要使用全双工和半双工两种介质访问控制方法。千兆位以太网的数据速率是快速以太网的 10 倍。千兆位以太网可以在楼层内、楼内和园区内的网络上采用，因为它可以支持多种连接媒体和大范围的连接距离。特别是，千兆位以太网可以在下列 4 种媒质上运行。

● 单模光纤：最大连接距离至少可达 5 km；
● 多模光纤：最大连接距离至少 550 m；
● 平衡、屏蔽铜缆：最大连接距离至少 25 m；
● 5 类线：最大连接距离至少 100 m。

千兆位以太网的技术优点主要有：

● 既保证了以太网原有经典的优点，又易于安装维护；
● 技术过渡平滑；
● 网络可靠性能高；
● 低成本扩展；
● 支持新应用与新的数据类型等特点。

千兆位以太网的种类有 1000BASE-T 以太网、使用光缆的 1000BASE-SX 和 1000BASE-LX 以太网。

1. 1000BASE-T

1000BASE-T 使用非屏蔽双绞线作为传输介质，传输的最长距离为 100 m。1000BASE-T 采用更加复杂的编码方式。1000BASE-T 采用四组 5 类以上的 UTP 电缆线对提供全双工发送，每个线对的速度可以从 100 Mbps 提高到了 125 Mbps，四组线对总速度提高到了 500 Mbps。考虑到每个线对是全双工通信，整体速度从 500 Mbps 提升到了 1000 Mbps。1000BASE-T 的优点是用户可以在原来 100BASE-T 的基础上平滑升级到 1000BASE-T。

2. 1000BASE-SX/1000BASE-LX

1000BASE-SX/1000BASE-LX 使用多模光纤传输，采用 8B/10B 编码方式，传输速度可达到 1 250 Mbps。但考虑到这种编码方式开销过大，该类型以太网传输速度仍旧维持在 1 000 Mbps，全双工通信。它的优点为是无噪声，体积小，无须中继，传输距离远，带宽高。1000BASE-SX 与 1000BASE-LX 两者的区别为链路介质、连接器和光信号的波长。如 1000BASE-SX 传输根据多模光纤芯茎类型的不同传输距离为 260 m 和 525 m；1000BASE-LX 传输根据多模光纤芯茎类型、单模光纤的介质种类不同传输距离为 525 m、550 m 和 3 000 m。

10.3.4　万兆位以太网

万兆位以太网仍保留了以太网帧的原有格式，通过不同的编码方式将速度提升到了 10 GGbps。万兆位以太网设计用于以全双工模式只在点到点（交换）链路上运行，万兆位以太网标准引入了新的 64B/66B 编码方案，使传输速率接近 10 Gbps。10 GGbps 以太网是在 2002 年 6 月由 IEEE 通过的，10 GGbps 以太网包括 10GBASE-X、10GBASE-R 和 10GBASE-W，目前万兆位以太网接口仅限于光接口传输。

1. 10GBASE-X

10GBASE-X 使用一种特紧凑包装，含有 1 个较简单的 WDM 器件、4 个接收器和 4 个在 1 300 nm 波长附近以大约 25 nm 为间隔工作的激光器，每一对发送器 / 接收器在 3.125 Gbps 速度（数据流速度为 2.5 Gbps）下工作。

2. 10GBASE-R

10GBASE-R 是一种使用 64B/66B 编码（不是在千兆位以太网中所用的 8B/10B）的串行接口，数据流为 10.000 Gbps，因而产生的时钟速率为 10.3 Gbps。

3. 10GBASE-W

10GBASE-W 是广域网接口，与 SONET OC-192 兼容，万兆位以太网其时钟为 9.953 Gbps数据流为 9.585 Gbps。OC-192 是一种使用光纤、传输速率为 9953.28 Mbps 或者是 192 倍于51.84 Mbps（OC-1）基本 SONET 信号传输率的 SONET 速率。

10.3.5　交换型以太网

交换式以太网网络中心设备由交换机构成，是一种星型拓扑结构的以太网。交换式以太网是 20 世纪 90 年代初发展起来的，实现 OSI 模型的下两层协议，它是一种改进了的局域网桥。交换式以太网可在高速与低速网络间转换，实现不同网络的协同。目前大多数交换式以太网都具有 100 Mbps 的端口，通过与之相对应的 100 Mbps 网卡接入到服务器上，成为网络局域网升级时首选的方案。当今发展的交换式以太网还可以实现 OSI 三层路由功能。以太网交换机的桥接技术具有存储转发、直通方式功能。交换式以太网已在 10.2 节进行了详细介绍。

10.4　虚拟局域网

虚拟局域网（Virtual LAN，VLAN）主要是通过交换和路由设备在网络的物理拓扑结构上建立的逻辑网络。虚拟局域网（VLAN）是一组逻辑上的设备和用户，这些设备和用户并不受物理位置的限制，可以根据功能、部门和应用等因素将他们组织起来，实现相互之间的通信，就好像他们在同一个网段中一样。虚拟局域网（VLAN）相当于一个二层广播域或者等价于一个第三层网络，虚拟局域网（VLAN）也可以视为由不同路由器实现对广播数据进行抑制的解决方案。在 VLAN 中，对广播数据的抑制由交换机完成。与传统的局域网技术相比较，VLAN 技术更加灵活，它具有以下优点：网络设备的移动、添加和修改的管理开销减少了；可以控制广播活动；可提高网络的安全性。

虚拟局域网 VLAN 实现了网络流量的分割，但 VLAN 之间互连和数据传输还是需要借助路由手段来实现。目前常用的 VLAN 路由模式有边界路由和"独臂"路由等以及第三层交换等。

10.4.1　虚拟局域网组建

VLAN 是建立在物理网络基础上的一种逻辑子网，VLAN 通过交换机设备来完成逻辑子网划分。但是当需要多个 VLAN 间进行相互通信时，需要路由支持，这时就需要增加路由设备——要实现路由功能，既可采用路由器，也可采用三层交换机来完成，同时还严格限制了用户数量，图 10-19 所示为虚拟局域网 VLAN 示意图。

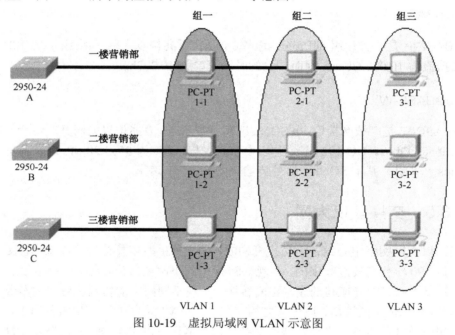

图 10-19　虚拟局域网 VLAN 示意图

10.4.2　虚拟局域网交换技术

虚拟局域网的交换技术包括端口交换（PortSwitch）、帧交换（FrameSwitch）、信元交换（Cell Switch）3 种方式。

1. 端口交换（PortSwitch）

端口交换又称为配置交换，由一个或几个通过背板连接的端口交换机，通过软／硬件管

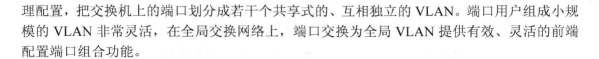

理配置，把交换机上的端口划分成若干个共享式的、互相独立的 VLAN。端口用户组成小规模的 VLAN 非常灵活，在全局交换网络上，端口交换为全局 VLAN 提供有效、灵活的前端配置端口组合功能。

2. 帧交换（Frame Switch）

帧交换中，局域网交换机在每一个端口上提供一个独立的共享介质端口，此端口上可以连接共享集线或单独的网络节点。在一个端口上接收到的帧可以正确地转发到输出端口上，另外，若端口接收的是一个广播帧，该帧只能在这个端口所属的逻辑网段上转发。帧交换可以保证有效的带宽，局域网上的每个端口用户都能独占网段带宽，目前交换机间的速率已经达到千兆位传输率。

3. 信元交换（Cell Switch）

信元交换是一种异步传输工作的信息传输单元，总共由 53 字节组成，前 5 字节是信元头，表示寻址和控制信息，后 48 字节是"净荷"的有效信息。信元交换一般在 ATM 交换机上实现，采用 ATM 局域网仿真技术的 VLAN，以信元为单位进行通信和信息交换。ATM 交换机端口上接收信元后，正确地转发到输出端口。ATM 允许网络节点加入多个 VLAN，允许在一个物理信道上实现多个逻辑连接。

10.4.3　虚拟局域网的划分方法

虚拟局域网 VLAN 的划分有两种：静态实现和动态实现。静态实现指的是网络管理员将交换机端口分配给某一个 VLAN。静态配置简单、易实现、可监视、安全性高。动态实现指网络管理员必须首先建立一个复杂的数据库，比如连接的网络设备物理地址及相应的 VLAN 号，因此网络设备接到交换机端口之后交换机会自动映射地址和 VLAN 号。动态 VLAN 的配置可以基于网络设备的物理地址、IP 地址、应用或者所使用的协议。动态 VLAN 是利用软件来进行管理的。划分 VLAN 的方法有按交换端口号、按 MAC 地址或者按网络层协议划分。

- 按交换端口号划分 VLAN：将交换设备端口进行分组划分 VLAN，这是构成 VLAN 最常用的一个方法，该方法实现简单有效，VLAN 从逻辑上把交换机端口划分成不同的逻辑子网，各虚拟子网相对独立。但是按端口号来分组将无法实现同一个物理分段同时参与多个 VLAN；另外，最重要的是当一个网络节点从一个端口移至另外一个端口时，管理员必须对 VLAN 成员重新配置。
- 按 MAC 地址划分 VLAN：网络管理员指定属于同一个 VLAN 的各客户机节点的物理地址。由于物理地址本身是固定在网卡中的，所以即使客户机移动场所也不需要重新配置 VLAN 成员。按 MAC 地址可以解决一个客户处于多个 VLAN 中的问题。但是这种方法划分必须在站点入网时，用户都必须被配置到至少一个 VLAN 中。只有手工配置后才可以实现对 VLAN 中成员的自动跟踪。但在大型的网络中，完成初始的配置并不是一件容易的事。

● 按第三层协议划分 VLAN：第三层是指 OSI 模型的网络层。基于该方法划分 VLAN，在决定 VLAN 成员身份时主要是考虑协议类型或网络层协议，此类 VLAN 划分需要将子网地址映射到 VLAN，交换设备则根据子网地址将设备的物理地址同一个 VLAN 联系起来。新站点在入网时不需要进行太多配置，交换机根据各站点网络地址自动将其划分成不同的 VLAN，并且在网络层不需要报文标识，从而可以消除交换设备之间传递 VLAN 成员信息而花费的开销。该方法的缺点是其性能问题，对于报文中的网络地址进行检查将比对帧中的物理地址进行检查花费的开销更大。因此，使用第三层协议信息进行 VLAN 划分的交换设备一般会比二层信息的交换设备要慢。

10.4.4 虚拟局域网（VLAN）的基本配置

基于端口的 VLAN 在实现上具体有两个步骤：首先启用 VLAN（用 VLAN ID 标识），而后将交换机端口指定到相应的 VLAN 下，具体配置命令如下所述。

1. 划分 VLAN 命令

命令格式：vlan *vlan-id*
该命令必须在全局配置模式下，是进入 VLAN 配置模式的命令。

2. 删除 VLAN 命令

命令格式：no vlan vlan-id
其中需要注意的是，VLAN 中有包含默认条目 VLAN1，它不允许删除。

3. 创建 VLAN 举例

创建 VLAN20（如图 10-20 所示），执行如下：

```
Switch>enable
Switch#configure terminal
Enter configuration commands, one per line.    End with CNTL/Z.
Switch(config)#vlan 20
Switch(config-vlan)#
```

图 10-20   创建 VLAN20

4. switchport access 命令

命令格式：switchport access vlan *vlan-id*
同样，使用 no 选项将该端口指派到默认的 VLAN 中。命令格式为 no switchport access vlan。若输入一个新的 VLAN ID，则交换机会创建一个 VLAN，并将该端口设置为该 VLAN 的成员；若输入的是已经存在的 VLAN ID，则增加 VLAN 的成员端口。

5. 指定端口到 VLAN 配置举例

将交换机的 F0/2 端口指定到 VLAN 20 的配置如图 10-21 所示。

```
Switch(config)#interface fastEthernet 0/2
Switch(config-if)#switchport access vlan 20
```

图 10-21 端口配置到 VLAN 20

10.5 无线局域网技术

局域网的传输介质有双绞线和铜缆或光纤，但有线传输介质普遍存在维护成本高、覆盖范围狭窄等问题，而且日益流行的移动终端设备的使用，使得日趋成熟的无线技术越来越受到普遍应用。无线局域网（Wireless WLAN）是局域网技术与无线通信技术相结合的产物，目前，无线局域网技术使用 IEEE 802.11 无线接入协议、蓝牙或红外等技术。

10.5.1 无线局域网概述

无线局域网的定义是利用无线通信技术在局部范围内建立的网络，它是计算机网络与无线通信技术结合的产物，它以无线多址信道作为传输媒介，提供有线局域网 LAN 的所有功能，为用户随时、随地、随意的宽带接入服务。

与有线局域网相比较，无线局域网易安装，一般来说只需要安装一个或多个接入点（Access Point，AP）设备，便可实现无线局域网的有效覆盖；使用灵活，只要在有效信号范围内，站点可以在任何位置接入网络；成本节约，无线局域网可以避免大量预设使用率低下，造成接入点花费过大的问题；易扩展，既可以保证小型局域网的构建，又可以组成拥有大量站点的大型局域网，并且具有用户不受地域限制的特点。无线局域网同时也存在着数据传输速率低、有时会存在信号盲区等问题。

根据无线局域网的特点，它的发展及其迅速，应用的范围越来越广泛。近几年，无线局域网已经在商场、公司、学校、医院等各个行业普遍应用。图 10-22 所示为无线局域网示意图。

图 10-22 无线局域网示意图

10.5.2　无线局域网构建

无线局域网由无线网卡、无线接入点（AP）、计算机和有关设备组成。
- 无线网卡：无线网卡的作用和有线网卡的作用基本相同，它作为无线局域网的接口，能够实现无线局域网中各个终端之间的连接与通信。
- 无线AP：AP是Access Point的简称，无线AP就是无线局域网的接入点，无线网关。
- 无线天线：当设备之间相隔距离较远时，随着信号衰弱，传输速率会明显下降导致无法正常通信，无线天线可以帮助对所接收或发送的信号进行增强。

10.5.3　IEEE 802.11 系列标准

IEEE 802.11 是 IEEE 在 1997 年 6 月颁布的无线网络标准。IEEE 802.11 是早期无线局域网标准之一，该标准定义了物理层和介质访问控制 MAC 协议的规范。IEEE 802.11 协议标准的接入速率有 1 Mbps 和 2 Mbps。

无线局域网 MAC 提供的服务有安全服务、MAC 服务数据单元（MSDU）重新排序服务和数据服务。

与 IEEE 802.3 一样，IEEE 802.11 也是在一个共享介质上支持多个用户共享资源，IEEE 802.3 采用 CSMA/CD 介质访问控制方法，而无线局域网使用 CSMA/CA（载波监听多路访问／冲突防止协议）解决共享资源问题，该协议利用确认信号来避免冲突，也就是说，只有客户端接收到网络资源上返回的确认信号才确认送出的数据已经达到目的地。CSMA/CA 采用能量检测（ED）、载波检测（CS）、能量载波混合检测 3 种检测信道空闲的方式。

IEEE 802.11 标准在 1997 年提出后，接着 1999 年 9 月又提出了 IEEE 802.11a 和 IEEE 802.11b 两个标准，最近又提出 IEEE 802.11g 标准。图 10-23 所示为 IEEE 802.11 标准集。

IEEE 802.11系列标准					
发布日期	标准	频率	距离	最大数据速率	业务
1997	IEEE 802.11	2.4 GHz	100 m	2 Mbps	数据
1999	IEEE 802.11a	5 GHz	5～10 km	54 Mbps	数据、图像
1999	IEEE 802.11b	2.4 GHz	100～300 m	11 Mbps	数据、图像
2003	IEEE 802.11g	2.4 GHz	5～10 km	54 Mbps	数据、图像、语音
2009	IEEE 802.11n	2.4 GH、5 GHz	5～10 km	54 Mbps、108 Mbps，提高达350 Mbps，甚至高达475 Mbps	数据、图像、语音

图 10-23　IEEE 802.11 标准集

10.5.4　无线 AP 与无线路由器

10.4 节介绍过，无线 AP 是指 AP，Access Point，无线访问节点、会话点或存取桥接器，它不仅包含单纯性无线接入点（无线 AP），也同样是无线路由器（含无线网关、无线网桥）等类设备的统称。

无线路由器（Wireless Router）被视为一个转发器，它将宽带信号通过天线转发给附近的无线网络设备，如笔记本电脑、带有无线上网功能的手机。目前流行的无线路由器一般都支持专线 xDSL、Cable、动态 xDSL、PPTP 四种接入方式，它还具有其他一些网络管理的功能，如 DHCP 服务、NAT 防火墙、MAC 地址过滤等功能。无线路由器一般能支持 20 个以下的用户，无线路由器的信号范围越来越广，现今已有部分路由器的信号范围已覆盖几千米。

图 10-24 为无线路由器示例（左图：工业级无线路由器、中图：三天线无线路由器、右图：随身无线路由器）：

图 10-24　无线路由器

无线 AP 与无线路由器的区别有：功能不同、应用不同、连接方式不同。

● 功能不同：无线 AP 将有线网络转换成无线网络；无线路由器是一个带路由功能的 AP，当接入 ADSL 宽带后，通过路由器实现自动拨号，通过无线功能，建立独立的无线网络。

● 应用不同：无线 AP 应用于大量节点，需要覆盖大面积网络范围；无线路由器普遍应用于家庭，覆盖面积有限的场所。

● 连接方式不同：无线 AP 需要利用交换机或路由器等作为中介；无线路由器可以直接和 ADSL Modem 相连拨号，实现无线网络覆盖。

10.5.5　无线路由器界面设置

无线路由器的使用越来越频繁，本节以 Packet Tracer 模拟器（型号为 Linksys-WRT300N Wireless Router）为例，介绍无线路由器的基本配置界面，如图 10-25、图 10-26 和图 10-27 所示。

无线路由器基本配置界面：IP 地址设置分为 DHCP（自动获取 IP 地址）、静态配置、和 PPPOE 三种类型，该界面要求配置无线路由器的 IP 地址、局域网起始 IP 地址和最大用户接入数。

● SSID: Service Set Identifier，服务集标识。一个无线局域网可以分为几个需要不同身份验证的子网络，每一个子网络都需要独立的身份验证，只有通过身份验证的用户才可以进入相应的子网络，防止未被授权的用户进入本网络。

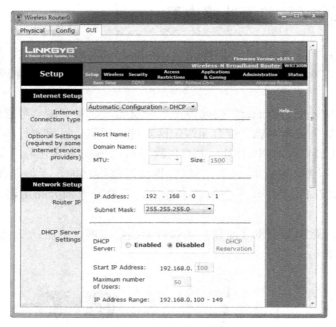

图 10-25　无线路由器基本设置界面（一）

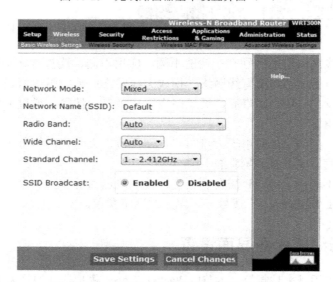

图 10-26　无线路由器的无线配置界面（二）

- Authentication：密钥认证方式。WEP 使用对称加密算法（发送方和接收方的密钥一致）。根据基于 IEEE 802.11i 协议，制定了一种称为 WPA（Wi-Fi Procted Access）的安全机制，WPA 安全机制使用 TKIP（临时密钥完整性协议），WPA 考虑到不同的用户需求规定了企业和家庭两种模式。WPA 和 WPA2 无线接入都支持 PSK（Preshared Key，预共享密钥）认证，无线客户端接入无线网络前，需要配置和 AP 设备相同的预共享密钥，如果密钥相同，PSK 接入认证成功；如果密钥不同，PSK 接入认证失败。

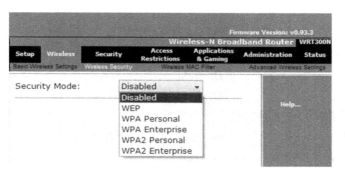

图 10-27　无线路由器的无线配置安全认证界面（三）

10.6　复习题

1．选择题

① 以太网帧中的哪个字段用于错误检测？（　　　）。

A．类型　　　　　　　　　　　B．前导码

C．帧校验序列　　　　　　　　D．与当前以太网帧格式不兼容

② 在 CSMA/CD 中拥塞信号的作用是什么？（　　　）。

A．允许介质恢复　　　　　　　B．确保所有节点看到冲突

C．向其他节点通报这个节点将要发送

D．标识帧的长度

③ 哪项是以太网交换机建立 MAC 地址表条目的运行阶段？（　　　）。

A．过期　　　　　　　　　　　B．过滤

C．学习　　　　　　　　　　　D．泛洪

④ 交换机接口连接的作用是（　　　）。

A．隔离广播　　　　　　　　　B．分割冲突域

C．使用交换机的 MAC 地址作为目的

D．交换机的每个接口重新生成比特

⑤ WLAN 技术使用了哪种介质？（　　　）。

A．双绞线　　　　　　　　　　B．铜缆

C．电磁波　　　　　　　　　　D．光纤

⑥ 以下哪种方式是以太网中一台设备发送信息到另一台目的设备的传播方式？（　　　）。

A．单播　　　　　　　　　　　B．广播

C．组播　　　　　　　　　　　D．以上都不是

⑦ 交换机的逻辑拓扑结构为？（　　　）。

A．总线型　　　　　　　　　　B．星型

C．树型　　　　　　　　　　　D．层次型

⑧ 以太网 MAC 地址有多少位？（　　　）。

A. 12   B. 32

C. 48   D. 256

⑨ 下列哪个功能不是数据封装的功能？（   ）。

A. 帧定界   B. 编址

C. 错误检测   D. 端口号

⑩ 为什么高速以太网更容易产生噪声？（   ）。

A. 更多冲突   B. 更短的比特时间

C. 全双工运行   D. UTP 取代光纤

2. 填空题

① _____是数据链路层以太网子层的下半层，由硬件实现。

② MAC 地址是_____二进制位。

③ 交换机的操作有学习、过期、_____、_____。

④ 以太网 MAC 子层主要有以下两项职责：_____、_____。

⑤ 以太网广播帧的目的地址是_____。

3. 解答题

① 请描述两个数据链路层子层并说明各自功能？

② 请描述什么是以太网冲突域？

③ 请描述 FDDI 的概念，FDDI 采用什么编码？该编码有什么特点？

10.7 实践技能训练

实验 局域网组网实训

1. 实验简介

本实验主要设计一个简单结构的局域网组建和配置拓扑，利用 Packet Tracer 画出其逻辑拓扑，配置拓扑中各设备所需要的参数并进行测试。

图 10-28 所示为实验拓扑，表 10-1 所示为局域网组网参数配置表。

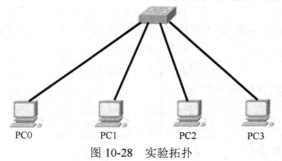

图 10-28 实验拓扑

表 10-1　局域网组网参数配置表

设备	IP 地址	子网掩码	缺省网关
PC0	192.168.1.1	255.255.255.0	192.168.1.254
PC1	192.168.1.2	255.255.255.0	192.168.1.254
PC2	192.168.1.3	255.255.255.0	192.168.1.254
PC3	192.168.1.4	255.255.255.0	192.168.1.254

2．学习目标

● 了解一个局域网的基本组建方式，掌握一个局域网设备互连的基本配置。
● 掌握报文的基本传输过程。

3．实验任务与要求

① 设计一个局域网并按照所设计的拓扑图进行连接，注意设备接口的选择以及连线所使用的线缆类型。

② 按照表 10-1 参数配置表完成局域网中各 PC 地址的配置，PC 的 IP 地址和默认网关根据配置参数表分配好的地址进行设计，具体步骤是：打开 PC→切换 Desktop 标签→IP Configuration。在 IP Configuration 标签中完成参数的配置。

③ 检测连通性。利用 ping 命令测试各 PC 之间的连通性。

缩 略 语

ANSI	美国国家标准协会	American National Standard Institute
ARP	地址解析协议	Address Resolution Protocol
ARQ	自动重发请求	Automatic Repeat Request
AS	自制系统	Autonomous System
ATD	异步时分复用	Asynchronous Time Division
ATM	异步传输模式	Asynchronous Transfer Mode
BBS	电子公告板	Bulletin Board System
BER	误比特率	Bit Error Rate
BGP	边界网关协议	Border Gateway Protocol
B-ISDN	完整综合业务数字网	Broadband Integrated Services Digital Network
BOOTP	引导协议	BOOTstrapping Protocol
CBR	连续比特流	Continuous Bit Rate
CDMA	码分多址	Code Division Multiple Access
CDPD	蜂窝数字分组数据	Cellular Digital Packet Data
CDV	信元延时变化	Cell Delay Variation
CIDR	无类型域间路由	Classless InterDomain Routing
CNOM	网络营运与管理专业委员会	Committee of Network Operation and Management
CSMA/CD	载波监听多路访问／冲突检测	Carrier Sense Multi-Access/Collision Detection
DCE	数据电路端接设备	Digital Circuit-terminating Equipment
DHCP	动态主机控制协议	Dynamic Host Configuration Protocol
DNS	域名系统	Domain Name System
DPI	每英寸可打印的点数	Dot Per Inch
DTE	数据终端设备	Data Terminal Equipment
EGP	外部网关协议	Exterior Gateway Protocol
EMA	以太网卡	Ethernet Media Adapter
E-mail	电子邮件	Electronic Mail
FAQ	常见问题解答	Frequently Answer Question
FDDI	光纤分布式数据接口	Fiber Distributed Data Interface
FDM	频分多路复用	Frequency Division Multiplexing
FEC	前向差错纠正	Forward Error Correction

FEMA	快速以太网卡	Fast Ethernet Media Adapter
FMA	FDDI 网卡	FDDI Media Adapter
FTP	文件传输协议	File Transfer Protocol
FTTC	光纤到楼群	Fiber To The Curb
FTTH	光纤到户	Fiber To The Home
GSM	移动通信全球系统（全球通）	Global Systems for Mobile communications
HDLC	高级数据链路控制（协议）	High-Level Data Link Control
HDTV	数字高清晰度电视	High Definition TeleVision
HTTP	超文本传输协议	HyperText Transfer Protocol
IAP	因特网接入提供商	Internet Access Provider
ICCB	Internet 控制与配置委员会	Internet Control and Configuration Board
ICMP	因特网控制信息协议	Internet Control Message Protocol
IDP	网间数据报协议	Internetwork Datagram Protocol
IDU	接口数据单元	Interface Data Unit
IEEE	电子和电气工程师协会	Institute of Electrical and Electronics Engineers
IETF	因特网工程特别任务组	Internet Engineering Task Force
IGMP	Internet 组管理协议	Internet Group Management Protocol
IGP	内部网关协议	Internet Gateway Protocol
IP	因特网协议	Internet Protocol
ISDN	综合业务数字网	Integrated Services Digital Network
ISO	国际标准化组织	International Standard Organization
ISP	因特网服务提供商	Internet Service Provider
IT	信息技术	Information Technology
ITU	国际电信联盟	Information Telecommunication Union
JPEG	图像专家联合小组	Joint Photographic Experts Group
L2TP	第二层隧道协议	Layer 2 Tunneling Protocol
LAN	局域网	Local Area Network
LANE	局域网仿真	LAN Emulation
LAP	链路访问过程	Link Access Procedure
LCP	链路控制协议	Link Control Protocol
MAC	介质访问控制	Media Access Control
MAN	城域网	Metropolitan Area Network
MACA	避免冲突的多路访问（协议）（IEEE 802.11 无线局域网标准的基础）	Multiple Access with Access Avoidance
MTP	邮件传输协议	Mail Transfer Protocol
MTU	最大传输单元	Maximum Transfer Unit

NCP	网络控制协议	Network Control Protocol
NCP	网络核心协议	Network Core Protocol
NFS	网络文件系统	Network File System
NIC	网卡	Network Interface Card
NIC	网络信息中心	Network Information Centre
NIM	网络接口模块	Network Interface Module
NREN	（美国）国家研究和教育网	National Research and Education Network
NSAP	网络服务接入点	Network Service Access Point
NVRAM	非易失性随机存储器	Non-volatile RAM
NVT	网络虚拟终端	Network Virtual Terminal
OSI	开放系统互联	Open System Interconnection
OSPE	开放最短路径优先（协议）	Open Shortest Path First
PDN	公用数据网	Public Data Network
PDU	协议数据单元	Protocol Data Unit
POP	邮局协议	Post Office Protocol
PPP	点到点协议	Point to Point Protocol
PPTP	点对点隧道协议	Point to Point Tunneling Protocol
PSTN	公用电话交换网	Public Switched Telephone Network
PVC	永久虚电路（包括 PVPC 和 PVCC）	Permanent Virtual Circuit
PVP	永久虚路径	Permanent Virtual Path
QoS	服务质量	Quality of Service
RARP	逆向地址解析协议	Reverse Address Resolution Protocol
RFC	请求批注	Request for Comments
RIP	路由信息协议	Routing Information Protocol
SAP	业务接入点	Service Access Point
SAP	服务公告协议	Service Advertising Protocol
SAR	分段和重组（子层）	Segmentation and Station
SDLC	同步数据链路控制（协议）	Advanced Data Communication Control Procedure
SLIP	串行线路 IP	Serial Line Interface Protocol
SMF	单模光纤	Single-mode Fiber
SMTP	简单邮件传输协议	Simple Mail Transfer Protocol
SNMP	简单网络管理协议	Simple Network Management Protocol
SONET	同步光纤网络	Synchronous Optical Network
STM	同步传输方式	Synchronous Transfer Mode
STP	屏蔽双绞线	Shielded Twisted Pair
STS	同步传输信号	Synchronous Transport Signal

SVC	交换虚电路	Switched Virtual Circuit
TCP	传输控制协议	Transmission Control Protocol
TDM	时分多路复用	Time Division Multiplexing
TFTP	单纯文件传输协议	Trivial File Transfer Protocol
TP	双绞线	Twisted Pair
TTL	生存时间	Time To Live
UDP	用户数据报协议	User Datagram Protocol
URL	统一资源定位	Universal Resource Locator
USB	通用串行总线	Universal Serial Bus
UTP	非屏蔽双绞线	Unshielded Twisted Pair
V-D	向量-距离（算法）（又叫 Bellman-Ford 算法）	Vector-Distance
VLAN	虚拟局域网	Virtual LAN
VOD	点播图像	Video on Demand
VPI	虚路径标识	Virtual Path Identifier
VPN	虚拟专用网络	Virtual Private Network
WLAN	无线局域网	Wirelsess LAN

参 考 文 献

[1]（美）Mark A. Dye, Rick McDonald，著. 思科网络技术学院教程：网络基础知识.思科系统公司，译. 北京：人民邮电出版社，2009.

[2]（美）Rick Graziani, Allan Johnson，著. 思科网络技术学院教程：路由协议和概念. 思科系统公司，译. 北京：人民邮电出版社，2009.

[3]（美）Rick Graziani，著.IPv6 技术精要. 北京：人民邮电出版社，2013.

[4] 谢希仁. 计算机网络（第 5 版）. 北京：电子工业出版社，2008.

[5] Behrouz A. Forouzan, Sophia Chung Fegan，著. 谢希仁,等译. TCP/IP 协议族（第 3 版）. 北京：清华大学出版社，2006.

[6] 乔正洪，葛武滇. 计算机网络技术与应用. 北京：清华大学出版社，2008.

[7] 杨明福，主编. 计算机网络原理. 北京：经济科学出版社，2007.

[8] 梁广民，王隆杰，编著. 思科网络实验室 CCNA 实验指南. 北京：电子工业出版社，2009.

[9] 季福坤，主编. 计算机网络基础. 北京：人民邮电出版社，2013.

[10] 陈永彬，主编. 现代交换原理与技术. 北京：人民邮电出版社，2009.